STRUKTUR DER MATERIE
IN EINZELDARSTELLUNGEN

HERAUSGEGEBEN VON
M. BORN-GÖTTINGEN UND J. FRANCK-GÖTTINGEN

V

DIE SELTENEN ERDEN VOM STANDPUNKTE DES ATOMBAUES

VON

Dr. GEORG v. HEVESY

O. PROFESSOR DER PHYSIKAL. CHEMIE
AN DER UNIVERSITÄT FREIBURG I. BR.

MIT 15 ABBILDUNGEN

Springer-Verlag Berlin Heidelberg GmbH

ALLE RECHTE, INSBESONDERE DAS DER ÜBERSETZUNG
IN FREMDE SPRACHEN, VORBEHALTEN.

ISBN 978-3-642-49445-1   ISBN 978-3-642-49724-7 (eBook)
DOI 10.1007/978-3-642-49724-7

COPYRIGHT 1927 BY SPRINGER-VERLAG BERLIN HEIDELBERG
URSPRÜNGLICH ERSCHIENEN BEI JULIUS SPRINGER IN BERLIN 1927
SOFTCOVER REPRINT OF THE HARDCOVER 1ST EDITION 1927

NIELS BOHR
GEWIDMET

Vorwort.

Seit GADOLINS Entdeckung der Ytterde im Jahre 1794 bis zu den letzten Jahren wurde die Entdeckung und Isolierung von seltenen Erdelementen als eine ebenso schwierige wie reizvolle Aufgabe der experimentellen Chemie angesehen. Die letzten Jahrzehnte brachten uns theoretische Fortschritte, welche die Feststellung ermöglichten, daß nunmehr alle seltenen Erdelemente bis auf eines, das der Atomnummer 61, dessen Existenz gleichfalls kürzlich nachgewiesen wurde, entdeckt seien. Aber erst die Fortschritte der letzten Jahre erbrachten uns mit der Aufstellung der BOHRschen Theorie des Atombaus und mit der an diese geknüpfte Entwicklung die Möglichkeit, den tieferen Sinn des periodischen Systems zu erfassen und gleichzeitig eine einfache Erklärung zu geben für das Auftreten der dem Lanthan folgenden, in ihrem Verhalten so nahe verwandten Elemente. Auch das wahre Verhältnis der seltenen Erden ließ sich von neuen Gesichtspunkten aus zueinander beleuchten. Die so viel diskutierte Frage der Einordnung der seltenen Erdelemente ins periodische System wurde damit gelöst, ebenso wie eine Reihe von Fragen, die früher gleichfalls keine befriedigende Beantwortung erhielten, wie z. B. die Frage nach der Natur und dem Verhalten des Ceriums.

Der geschilderte Tatbestand hat den Verfasser veranlaßt, den Versuch zu unternehmen, unsere in den letzten Jahren auch durch andere wichtige Fortschritte erweiterten Kenntnisse über das Vorkommen und die Eigenschaften der seltenen Erden vom Standpunkt der erwähnten Theorie aus zusammenzufassen.

Die Herren V. M. GOLDSCHMIDT, Oslo und W. KUHN, Zürich hatten die große Freundlichkeit einzelne Abschnitte einer kritischen Durchsicht zu unterwerfen und die Herren S. BÖHM, W. RIENÄCKER und W. SEITH unterstützten den Verfasser beim Lesen der Korrekturen. Es sei den genannten Herren auch an dieser Stelle herzlich gedankt, wie auch dem Verlag für sein großes Entgegenkommen.

Kopenhagen, im September 1926.

G. v. HEVESY.

Inhaltsverzeichnis.

Seite

Einleitung 1
 Die zu befolgende Terminologie 1
 Die Literatur der seltenen Erden 1

Erster Teil.
Die seltenen Erden und die Atomtheorie.

I. **Die Elemente der seltenen Erden im periodischen System** 3
   A. Ältere Einreihungsversuche 3
   B. Die seltenen Erden im Lichte der Bohrschen Theorie ... 7
      1. Die Grundzüge der BOHRschen Theorie 7
      2. Die Sonderstellung des Ceriums 13
      3. Die Lanthaniden in der MENDELJEFFschen Tabelle ... 14

II. **Überblick über das chemische Verhalten der seltenen Erden** 16
    A. Chemisches Verhalten und Bindungsstärke der äußeren Elektronen 16
    B. Das Molekularvolumen der Sesquioxyde 21
    C. Das Molekularvolumen der Octohydrosulfate ... 24
    D. Das Molekularvolumen der Chloride 25
    E. Das Molekularvolumen der Doppelnitrate 26
    F. Das Atomvolumen der seltenen Erdmetalle 26
    G. Weitere Methoden zur Bestimmung der Basizitätsreihe .. 28
    H. Berechnung der Ionisationsspannung aus der Flammenleitfähigkeit 30
    J. Übersicht über die nicht dreiwertigen Verbindungen der seltenen Erden 31

III. **Gesetzmäßigkeiten innerhalb der Gruppe der 14 Ceride** 31
     A. Röntgenspektroskopie und Aufbau der Atome ... 32
     B. Die Charakterisierung der Elektronenbahntypen mit drei Quantenzahlen. Weitere Unterteilung der Elektronengruppen   35
     C. Farbe und Bandenspektrum 38
     D. Paramagnetismus 41
        1. Berechnung der Magnetisierungszahlen aus optischen Daten   42
        2. Der anomale Paramagnetismus des Europiums 44
        3. Über die Existenz von elektronisomeren Ionen 45

Inhaltsverzeichnis. VII

Seite

Zweiter Teil.
Die chemischen Eigenschaften und das Vorkommen der seltenen Erden.

I. Die Atomgewichte 47
   A. Die Metalle 48
   B. Die dreiwertigen Verbindungen 49
      Hydride S. 49. — Carbide; Carbonate S. 50. — Oxyde und Hydroxyde S. 51. — Fluoride S. 53. — Chloride S. 54. — Chlorate; Bromide; Bromate S. 58. — Jodide; Jodate S. 59. — Sulfide; Sulfate S. 60. — Sulfite; Thiosulfate; Nitride; Nitrate S. 64. — Nitrite; Phosphate S. 66. — Chromate; Cyanide S. 67. — Oxalate S. 68. — Formiate S. 70. — Acetate; Acetylacetonate S. 71. — Glykolate S. 72. — Lactate S. 73.
   C. Die nicht dreiwertigen Verbindungen 74
      1. Verbindungen des vierwertigen Ceriums 74
         Cerioxyd S. 74. — Cerihydroxid; Cerifluorid; Cerichlorid S. 75. — Cerisulfat; Cerisulfid; Cerinitrat S. 76. — Alkalipercerkarbonate; Der Übergang Cero $\rightleftarrows$ Ceri S. 77.
      2. Die höheren Oxyde des Praseodyms und Terbiums ... 78
      3. Verbindungen des 2-wertigen Samariums und Europiums 79

III. Der analytische Nachweis der seltenen Erden .. 80
   A. Die qualitative Analyse 80
      1. Optische Emissionsspektra. Bogen und Funkenspektra .. 80
      2. Röntgenspektra 83
      3. Phosphoreszenzspektra 86
      4. Absorptionsspektra 87
      5. Chemischer Nachweis des Ceriums 88
   B. Die quantitative Analyse 89
      1. Spektroskopische Methoden 89
      2. Magneto-Chemische Analyse 91
      3. Methoden zur Bestimmung des Äquivalentgewichtes des Erdgemisches 92
      4. Bestimmung des Ceriums 92

IV. Über die Trennung der seltenen Erden 94
   A. Fraktionierte Krystallisation 95
      Ammoniumdoppelnitrate; Magnesiumdoppelnitrate; Thalliumdoppelnitrate; Nickeldoppelnitrate; Ammoniumdoppeloxalate; Alkalidoppelsulfate S. 97. — Alkalidoppelcarbonate; Nitrate; Sulfate S. 98. — Bromate S. 99. — Äthylsulfate S. 100. — Oxydverfahren usw. S. 101.
   B. Fraktionierte Fällung 101
      Mit Amoniak S. 101. — Mit anderen Basen; Mit Chromaten; Mit Oxalsäure und Oxalaten S. 102.

Inhaltsverzeichnis.

	Seite
C. Fraktionierte Zersetzung wasserfreier Verbindungen	103
Partielle Zersetzung der Nitrate; Glühen von Nitraten, Carbonaten und Oxalaten S. 103.	
D. Physikalische Methoden	104
Destilation; Elektrolyse; Ionenwanderung S. 104.	
E. Die Trennung des Scandiums von den übrigen Erden	105

V. **Die Größe der Ionen der seltenen Erden und deren Bedeutung für Isomorphie und Polymorphie** . . . 106
   A. Die absolute Größe der Ionen 106
   B. Die scheinbare Ionengröße (Wirkungssphäre) 109
      1. Ionengröße, Krystallstruktur und Polymorphie 112
      2. Die Krystallisation A, B und C der Sesquioxyde der seltenen Erden 115

VI. **Das Vorkommen und die Häufigkeit der seltenen Erden** 117
   A. Die seltenen Erden enthaltenden Minerale 121
   Fluoride und Oxyfluoride; Oxyde S. 121. — Fluocarbonate; Carbonate; Phosphate; Niobate, Tantalate und Titanoniobate S. 122. — Silicotitanate; Silicate S. 123.
   B. Das Mengenverhältnis der seltenen Erden 125
      1. Komplette Erdenbestände 125
      2. Selektive Erdenbestände 126
   C. Die geochemische Verteilung der seltenen Erdelemente . . 128

VII. **Die Geschichte der Entdeckung der seltenen Erden** 131

Sachverzeichnis 138

Verlag von Julius Springer in Berlin W 9

Über den Bau der Atome. Von **Niels Bohr.** Dritte, unveränderte Auflage. Mit 9 Abbildungen. 60 Seiten. 1925. RM 1.80

Das Atom und die Bohrsche Theorie seines Baues. Gemeinverständlich dargestellt von **H. A. Kramers,** Dozent am Institut für Theoretische Physik der Universität Kopenhagen, und **Helge Holst,** Bibliothekar an der Königlichen Technischen Hochschule Kopenhagen. Deutsch von F. Arndt, Professor an der Universität Breslau. Mit 35 Abbildungen, 1 Bildnis und 1 farbigen Tafel. V, 192 Seiten. 1925. RM 7.50; gebunden RM 8.70

Konstanten der Atomphysik. Herausgegeben von Dr. **Walther A. Roth,** Professor an der Technischen Hochschule in Braunschweig, und Dr. **Karl Scheel,** Professor an der Physikalisch-Technischen Reichsanstalt in Charlottenburg. Unter besonderer Mitwirkung von Dr. E. Regener, Professor an der Technischen Hochschule in Stuttgart. (Sonderdruck aus Landolt-Börnstein, Roth-Scheel, Physikalisch-chemische Tabellen. Fünfte Auflage.) 114 Seiten. 1923. Gebunden RM 8.—

Seriengesetze der Linienspektren. Gesammelt von **F. Paschen** und **R. Götze.** IV, 154 Seiten. 1922. Gebunden RM 11.—

Tabelle der Hauptlinien der Linienspektra aller Elemente nach Wellenlänge geordnet. Von **H. Kayser,** Geheimer Regierungsrat, Professor der Physik an der Universität Bonn. VIII, 198 Seiten. 1926. Gebunden RM 24.—

Spektroskopie der Röntgenstrahlen. Von Dr. **Manne Siegbahn,** Professor an der Universität Upsala. Mit 119 Abbildungen. VI, 257 Seiten. 1924. RM 15.—

Tabellen zur Röntgenspektralanalyse. Von **Paul Günther,** Assistent am Physikalisch-Chemischen Institut der Universität Berlin. 61 Seiten. 1924. RM 4.80

Valenzkräfte und Röntgenspektren. Zwei Aufsätze über das Elektronengebäude des Atoms. Von Dr. **W. Kossel,** o. Professor an der Universität Kiel. Zweite, vermehrte Auflage. Mit 12 Abbildungen. 89 Seiten. 1924 RM 3.60

Der Aufbau der Materie. Drei Aufsätze über moderne Atomistik und Elektronentheorie. Von **Max Born.** Zweite, verbesserte Auflage. Mit 37 Textabbildungen. VI, 86 Seiten. 1922. RM 2.—

Verlag von Julius Springer in Berlin W 9

Struktur der Materie
in Einzeldarstellungen

Herausgegeben von

Dr. M. Born und **Dr. J. Franck**

Professor, Direktor des Instituts für theoretische Physik der Universität Göttingen

Professor, Direktor des zweiten physikalischen Instituts der Universität Göttingen

Fertig liegen vor:

I. **Zeemaneffekt und Multiplettstruktur der Spektrallinien.** Von Dr. **E. Back,** Privatdozent für Experimentalphysik in Tübingen, und Dr. **A. Landé,** a. o. Professor für Theoretische Physik in Tübingen. Mit 25 Textabbildungen und 2 Tafeln. XII, 213 Seiten. 1925.
RM 14.40; gebunden RM 15.90

II. **Vorlesungen über Atommechanik.** Von Dr. **Max Born,** Professor an der Universität Göttingen. Herausgegeben unter Mitwirkung von Dr. **Friedrich Hund,** Assistent am Physikalischen Institut Göttingen. Erster Band. Mit 43 Abbildungen. X, 358 Seiten. 1925.
RM 15.—; gebunden RM 16.50

III. **Anregung von Quantensprüngen durch Stöße.** Von Dr. **J. Franck,** Professor an der Universität Göttingen, und Dr. **P. Jordan,** Assistent am Physikalischen Institut Göttingen. Mit 51 Abbildungen. VIII, 312 Seiten. 1926.
RM 19.50; gebunden RM 21.—

IV. **Linienspektren und periodisches System der Elemente.** Von Dr. **Friedrich Hund,** Privatdozent an der Universität Göttingen. Mit 43 Abbildungen und 2 Zahlentafeln. VI, 128 Seiten. 1927.
RM 15.—; gebunden RM 16.50

Die weiteren Bände werden behandeln:
Strahlungsmessungen. Von Professor Dr. W. Gerlach-Tübingen. — Graphische Darstellung der Spektren. Von Privatdozent Dr. W. Grotrian-Potsdam und Geheimrat Professor Dr. C. Runge-Göttingen. — Lichtelektrizität. Von Professor Dr. B. Gudden-Göttingen. — Atombau und chemische Kräfte. Von Professor Dr. W. Kossel-Kiel. — Bandenspektra. Von Professor Dr. A. Kratzer-Münster. — Starkeffekt. Von Professor Dr. R. Ladenburg-Berlin. — Kern-Physik. Von Professor Dr. Lise Meitner-Berlin. — Kristallstruktur. Von Professor Dr. P. Niggli-Zürich und Professor Dr. P. Scherrer-Zürich. — Periodisches System und Isotope. Von Professor Dr. F. Paneth-Berlin. — Das ultrarote Spektrum. Von Professor Dr. C. Schaefer-Marburg und Dr. Matosi. — Vakuumspektroskopie. Von Dr. Hertha Sponer-Göttingen. — Atomtheorie der Gase und Flüssigkeiten. Von Privatdozent Dr. R. Fürth-Prag. — Plastizität von Kristallen. Von Dr. E. Schmid-Frankfurt a. M. — Astrophysikalische Anwendung der Atomphysik. Von Dr. Sven Rosseland.

Das Element Hafnium

Von

Dr. Georg v. Hevesy

o. Professor, Leiter des Chemisch-Physikalischen Instituts der Universität Freiburg i. Br.

Mit 23 Abbildungen. IV, 50 Seiten. 1927. RM 3.60

Einleitung.

Die zu befolgende Terminologie.

Wären Scandium, Yttrium, Lanthan und Actinium die einzigen seltenen Erdelemente, so würde diese Reihe eine analoge Abstufung zeigen wie etwa die des Calciums, Strontiums, Bariums, Radiums und würde somit kein ungewöhnliches Interesse darbieten. Erst das Auftreten von 14 sehr verwandten Elementen, unmittelbar nach dem Lanthan, verleiht der in diesem Buche behandelten Elementengruppe ihre besondere Eigenart. Diese 14 Elemente, die sehr häufig in ihrer Gesamtheit besprochen werden, beanspruchen einen Namen für sich. Da sie mit dem Cerium beginnen, werden wir sie als Ceride bezeichnen; sprechen wir vom Lanthan + den 14 folgenden Elementen, so bedienen wir uns des Ausdruckes Lanthangruppe oder Lanthanide[1]). Diese Terminologie hat unter anderem den Vorteil, daß ihre Weiterbildung eine einfache Bezeichnung beliebiger Teilgruppen ermöglicht, man wird z. B. die mit Holmium beginnende Teilgruppe (Ho bis inkl. Cp) als Holmide bezeichnen können usw. Den Ausdruck seltene Erde hat der Sprachgebrauch bereits für die Gesamtheit der Elemente Sc, Y, La, Ce, Pr, Nd, Il, Sm, Eu, Gd, Tb, Dy, Ho, Er, Tu, Yb, Cp (oder Lu) und Ac festgelegt. Auch das Thorium wird von einigen Chemikern zu den seltenen Erden gezählt; dem letzteren Sprachgebrauch schließen wir uns nicht an, doch werden wir wiederholt auf die Eigenschaften des Thoriums, wie auch auf die anderer Nachbarelemente zurückkommen und sie mit denen der seltenen Erden vergleichen.

Die Literatur über die seltenen Erden.

Ein Verzeichnis über die Literatur von GADOLINs Zeiten bis zur Gegenwart konnte innerhalb des Rahmens dieses Buches nicht

---

[1]) Der Ausdruck wurde zuerst im obigen Sinne von V. M. GOLDSCHMIDT vorgeschlagen, später aber von ihm als Bezeichnung für die nach dem Lanthan kommenden 14 Elemente benutzt; wir ziehen vor, mit Lanthanid die Gesamtheit von Lanthan und den 14 Folgeelementen zu bezeichnen.

gegeben werden. Bis zum Jahre 1906 hat R. J. MEYER die Literatur über die seltenen Erden in ABEGGS Handbuch der anorganischen Chemie (III, 1) zusammengestellt und 725 Veröffentlichungen aufgezählt; eine Zusammenstellung bis zu 1919 enthält J. F. SPENCERS Buch ,,The metals of the rare earths" (London 1919), in welchem sich 1029 Zitate finden (vgl. auch S. J. LEVY, ,,The rare earths". London 1924). Während wir bestrebt waren, die Literatur der letzten 10 Jahre möglichst vollständig aufzuzählen, zitieren wir von den vor diesem Zeitpunkte erschienenen Abhandlungen nur gelegentlich einige.

Erster Teil.
Die seltenen Erden und die Atomtheorie.

I. Die Elemente der seltenen Erden im periodischen System.

A. Ältere Einreihungsversuche.

Als MENDELEJEFF seine Tabelle aufstellte, waren fünf seltene Erdelemente bekannt, das Yttrium Lanthan, Cerium, Didym und Erbium. Er hat mit genialer Intuition das Yttrium zwischen Strontium und Zirkonium untergebracht und die Existenz von dessen niedrigerem Homologen, des „Ekabors", vorausgesagt. Die Schwierigkeiten, die mit dem Unterbringen der übrigen Erdelemente verbunden waren, konnte er aber nicht überwinden. Er entwarf zuerst eine Tabelle, wie sie unsere Tabelle 1 zeigt, sah sich aber bald veranlaßt, nachdem die Bestimmung der spezifischen Wärme des Lanthans einen endgültigen Beweis für dessen Dreiwertigkeit geliefert hatte, den früher dem Didym vorbehaltenen Platz mit dem Lanthan zu besetzen. Damit blieb das Didym ohne Platz im System, und sein Schicksal mußten bald weitere neu entdeckte Erdelemente teilen.

Tabelle 1. Die Einreihung der seltenen Erden in das periodische System nach MENDELEJEFF (1871).

Gruppe	0	I A	I B	II A	II B	III A	III B	IV A	IV B	V A
Serie 1		H								
2		Li		Be		B		C		
3		Na		Mg		Al		Si		
4		K		Ca		Ekabor		Ti		
5			Cu		Zn					
6				Sr		Yt		Zr		
7			Ag		Cd				Sn	
8				Ba		Di?		Ce		
9										
10						Er		La?		
11			Au		Hg				Pb	
12								Th		

4   Die Elemente der seltenen Erden im periodischen System.

Die folgenden 50 Jahre brachten zahlreiche mehr oder minder erfolglose Versuche, die Frage der Einreihung der seltenen Erdelemente ins periodische System zu lösen. Die Versuche gingen zum größten Teil darauf hinaus, die Erdelemente zwischen dem oberhalb des Yttriums und oberhalb des Zirkoniums befindlichen Platze zu verteilen oder durch die Annahme von Untergruppen weitere Plätze für die platzlosen Elemente zu schaffen. So hat B. BRAUNER, der sich seit 1878 mit der Frage der Einreihung der seltenen Erdelemente ins System von MENDELEJEFF befaßte und verschiedene Lösungen in Vorschlag brachte, zuletzt[1]) folgende Lösung entworfen:

Tabelle 2. Die seltenen Erden im periodischen System nach BRAUNER (1908).

Reihe	Gruppen									
	0	I	II	III	IV	V	VI	VII	VIII	
8	Xe	Cs	Ba	La	Ce	Pr	Nd	Sm	Eu	—	—
9				Gd	Tb	Dy	Ho	Er	Tu	Yb	—
10				Lu	?	Ta	W	—	Os	Ir	Pt

Vom Wunsche erfüllt, jeder Erde einen bestimmten Platz zuweisen zu können, wurden diese zwischen den Reihen 8, 9 und 10 verteilt, und es wurde ihnen eine zwischen 3 und 8 variierende Wertigkeit zugeschrieben.

Eine andere, richtigere Lösung suchte die seltenen Erdelemente in der Tabelle unterzubringen, ohne dem Cerium eine Sonderstellung einzuräumen. Eine solche Lösung[2]) zeigt z. B. WERNERs langperiodige Tabelle:

Ca	Tabelle 3. Die seltenen Erden im periodischen System nach WERNER (1905).													Sc	Ti	V
Sr														Y	Zr	Nb
Ba	La	Ce	Nd	Pr	—	—	Sm	Eu	Gd	Tb	Ho	Er	—	Tu	Yb	—	—	Ta
Ra	Th						U							Ac		

Ferner sei ein früherer Vorschlag BRAUNERS[3]) erwähnt, wo er bis auf das Lanthan alle zwischen diesem Element und dem Tantal liegenden Elemente gemeinsam mit dem Cerium in der

---

[1]) BRAUNER, B.: Zeitschr. f. Elektrochem. Bd. 14, S. 525. 1908.
[2]) Wie die von J. W. RETGERS (1895), B. P. STEELE (1901), H. BILTZ (1902), G. RUDORF (1903).
[3]) BRAUNER, B.: Z. anorg. Chem Bd. 32, S. 1. 1902; vgl. auch BENEDICKS, C.: Z. anorg. Chem. Bd. 39, S. 41. 1904.

Tabelle 4. Systematische Gruppierung der chemischen Elemente nach J. THOMSEN (1895).

Elektropositive Grundstoffe.

		Cs 133
		Ba 137,4
		La 138
		Ce 140
		Nd 141
		Pr 140?
	A 40	— —
	K 39,15 -- 85,4 Rb	Sm 150
	Ca 40 -- 87,6 Sr	— —
	Sc 44,1 -- 89 Y	Gd 156
	Ti 48,1 -- 90,6 Zr	Tb 160
He 4	V 51,2 -- 94 Nb	— —
Li 7,03 -- 23,05 Na	Cr 52,1 -- 96 Mo	Er 166
Be 9,1 -- 24,36 Mg	Mn 55,0 -- — —	— —
B 11 -- 27.1 Al	Fe 56 -- 101,7 Ru	Tu 171
H 1,008 C 12,00 -- 28,4 Si	Co 58,99 -- 103 Rh	Yb 173
N 14,04 -- 31,0 P	Ni 58,7 -- 106 Pd	— —
O 16 -- 32,06 S	Cu 63,6 -- 107,93 Ag	— —
F 19 -- 35,45 Cl	Zn 65,4 -- 112 Cd	Ta 183
	Ga 70 -- 114 In	W 184
	Ge 72 -- 118,5 Sn	— —
	As 75 -- 120 Sb	Os 191
	Se 79,1 -- 127 Te	Ir 193,0
	Br 79,96 -- 126,85 J	Pt 194,8
		Au 197,2
		Hg 200,3
		Tl 204,1
		Pb 206,9
		Bi 208,5
		— —
		— —
		Th 232
		U 239,5

Elektronegative Grundstoffe.

vierten Gruppe unterbringt. Eine weitere Lösung schlug später R. J. MEYER[1]) vor; sie besteht darin, daß alle Lanthanide, bis auf das Cerium, oberhalb des Yttriums und das Cerium oberhalb des Zirkoniums untergebracht werden. Die an derselben Stelle wie das Lanthan untergebrachten Elemente, deren Zahl er (das La inkl.) zu 15 annimmt, teilt R. J. MEYER in 3 Untergruppen von je 5 Elementen ein; ein ähnlicher Vorschlag, jedoch mit einer verschiedenen Unterteilung, ist von PALMAER[2]) gemacht worden. Ziemlich unbeachtet blieb eine schon früher vorgeschlagene, von JULIUS THOMSEN[3]) (1895) herrührende, ebenso geistreiche wie originelle Lösung des Problems, wie sie Tabelle 4 zeigt.

In der Erläuterung zu seiner Tabelle schreibt THOMSEN: ,,Ebenso wie man vom Silicium der 1. Gruppe einerseits zum Titan, andererseits zum Germanium der 2. Gruppe geführt wird, so gehen die Verwandtschaftslinien zwischen der 2. und 3. Gruppe, z. B. von Zirkonium einerseits zum Cerium mit dem Atomgewicht 140, andererseits zu einem noch nicht definitiv bestimmten Elemente mit einem Atomgewichte von etwa 181. Zwischen diesen beiden Elementen gruppieren sich dann eine größere Anzahl der den seltenen Erden entsprechenden Elemente, welche alle nahe Verwandtschaft zeigen, ebenso wie die mittleren Elemente der 3. Reihe vom Mangan zum Zink." Die Zahl der zwischen Cerium und dem ,,nicht definitiv bestimmten Elemente mit einem Atomgewicht von 181" liegenden Erdelemente ist von THOMSEN vollständig richtig zu 13 angenommen worden, und von diesen sollte eines zwischen Neodym und Samarium liegen. Für das letztere Element, das Illinium (Element 61), war kein Platz vorgesehen in dem letzten (1908) Entwurfe BRAUNERs, in dem R. J. MEYERs[4]) usw.,

---

[1]) MEYER, R. J.: Die Naturwiss. Bd. 2, S. 781. 1914.
[2]) PALMAER, W.: Z. phys. Chem. Bd. 110, S. 685. 1924; vgl. auch RENZ, C.: Z. anorg. Chem. Bd. 122, S. 135. 1922.
[3]) THOMSEN, J.: Z. anorg. Chem. Bd. 9, S. 190. 1895. Die obige Tabelle ist nicht dieser Abhandlung, sondern einer von J. THOMSEN in 1898 korrigierten Tabelle entnommen, welche die Aufschrift in dänischer Sprache ,,Atomgewicht nach der deutschen Kommission, B.-B. 1898, S. 2762" trägt und in seinem Nachlasse gefunden wurde.
[4]) Doch haben sowohl B. BRAUNER wie R. J. MEYER die Wahrscheinlichkeit der Existenz eines zwischen Neodym und Samarium liegenden Elementes gelegentlich hervorgehoben, vgl. R. J. MEYER, G. SCHUMACHER und A. KOTOWSKI: Die Naturwiss. Bd. 14, S. 772. 1926.

während die Tabelle WERNERs ebenso wie die ältere Tabelle BRAUNERs (1902) für zwei Elemente zwischen Neodym und Samarium Platz läßt. In der Tabelle THOMSENs, wie auch in der späteren von VAN DEN BROECK[1]) findet sich dagegen ein Platz für dieses Element vorbehalten.

Von allen besprochenen Lösungen müssen wir die THOMSENsche als entschieden diejenige bezeichnen, welche am ehesten geeignet ist, dem Tatbestande, wie ihn später die Atomtheorie zutage gefördert hat, gerecht zu werden, dem Tatbestande, den wir im folgenden besprechen wollen.

B. Die seltenen Erden im Lichte der Bohrschen Theorie.

1. Die Grundzüge der Bohrschen Theorie.

Wir denken uns auf einen sehr heißen Stern versetzt, wo die Dissoziation der Atome in Kerne und Elektronen, d. h. ihre **Ionisation** eine so vollkommene ist, daß wir nur noch Atomkerne und Elektronen antreffen. Kühlt sich der Stern ab, so hört die Ionisation auf, und die Elektronen suchen sich nacheinander und unabhängig voneinander um die einzelnen Atomkerne in der möglichst stabilen Lage einzuordnen. Die Fragestellung BOHRs lautet: **Wie wird diese sukzessive Anordnung der Elektronen in den Atomen vor sich gehen, wieviel von dieser Anordnung bleibt bewahrt und wieviel ändert sich, wenn wir von Element zu Element gehen?** In welcher Weise werden sich die 2 Elektronen des Heliumatoms, die 10 des Neonatoms, die 19 des Kaliumatoms, die 55 des Caesiumatoms usw. gruppieren? Die Antwort steht in der Tabelle 5. Sie gibt an, wie viele Elektronen je einer Untergruppe im Atom angehören. Im Lithiumatom werden sich z. B. 2 Elektronen in einer 1_1-Bahn und 1 Elektron in einer 2_1-Bahn bewegen. Die Bahntypen sind dabei durch die sog. **Quantenzahlen** charakterisiert, deren Bedeutung am besten aus der Abb. 1 hervorgeht, welche die Quantenbahnen im Wasserstoffatom anzeigt. Man sieht, daß die „Hauptquantenzahl" die große Achse der elliptischen Bahn, die Nebenquantenzahl (klein geschrieben) ihre Exzentrizität bestimmt. Während es nur eine Bahn mit der Hauptquantenzahl 1 gibt, gibt es zwei

---

[1]) VAN DEN BROECK: Phys. Z. Bd. 14, S. 37. 1913.

Tabelle 5. Bahnen der Elektronen in den Atomen.

(Über die Charakterisierung der Elektronenbahnen durch drei Quantenzahlen vgl. Tabelle 14, S. 35.)

Schale	K	L		M			N				O					P						Q	
n_k	1_1	2_1	2_2	3_1	3_2	3_3	4_1	4_2	4_3	4_4	5_1	5_2	5_3	5_4	5_5	6_1	6_2	6_3	6_4	6_5	6_6	7_1	7_2
1 H	1																						
1 He	2																						
3 Li	2	1																					
4 Be	2	2																					
5 B	2	2	1																				
6 C	2	2	(2)																				
10 Ne	2	8																					
11 Na	2	8		1																			
12 Mg	2	8		2																			
13 Al	2	8		2	1																		
14 Si	2	8		2	(2)																		
18 A	2	8		8																			
19 K	2	8		8			1																
20 Ca	2	8		8			2																
21 Sc	2	8		8	1		(2)																
22 Ti	2	8		8	2		(2)																
26 Cu	2	8		18			1																
30 Zn	2	8		18			2																
31 Ga	2	8		18			2	1															
36 Kr	2	8		18			8																
37 Rb	2	8		18			8				1												
38 Sr	2	8		18			8				2												
39 Y	2	8		18			8	1			(2)												
40 Zr	2	8		18			8	2			(2)												
47 Ag	2	8		18			18				1												
48 Cd	2	8		18			18				2												
49 In	2	8		18			18				2	1											
54 X	8	8		18			18				8												
55 Cs	2	8		18			18				8					1							
56 Ba	2	8		18			18				8					2							
57 La	2	8		18			18				8	1				(2)							
58 Ce	2	8		18			18	1			8	1				(2)							
59 Pr	2	8		18			18	2			8	1				(2)							
71 Cp	2	8		18			32				8	1				(2)							
72 Hf	2	8		18			32				8	2				(2)							
79 Au	2	8		18			32				18					1							
80 Hg	2	8		18			32				18					2							
81 Tl	2	8		18			32				18					2	1						
86 Nt	2	8		18			32				18					8							
87 —	2	8		18			32				18					8						1	
88 Ra	2	8		18			32				18					8						2	
89 Ac	2	8		18			32				18					8	1					(2)	
90 Th	2	8		18			32				18					8	2					(2)	
118 —	2	8		18			32				32					18						8	

von der Hauptquantenzahl 2 und n von der Hauptquantenzahl n. Sind Haupt- und Nebenquantenzahl gleich, so ist die Bahn eine kreisförmige, andernfalls eine elliptische, und die Ellipse ist um so länger gestreckt, je kleiner die Nebenquantenzahl im Verhältnis zur Hauptquantenzahl ist. (Über die Charakterisierung der Bahntypen durch mehr als 2 Quantenzahlen siehe S. 35.)

Wir sehen aus der Tabelle, daß, während im Falle des am Beginn der ersten Periode stehenden Heliums beide Elektronen in 1_1-Bahnen kreisen, im Falle des nächsten Elementes, des Lithiums, noch ein in der Bahn 2_1 kreisendes „Valenzelektron" dazu kommt, im Falle des Berylliums zwei solche usw. Die Ausbildung von je 4 Elektronen in der 2_1- und der 2_2-Bahn führt wieder zu einer besonders abgeschlossenen Konfiguration, zum Edelgas Neon, das so den Beginn der zweiten Periode bildet. Das dem Neon folgende Natrium unterscheidet sich von diesem wieder im Auftreten eines „Valenz"-Elektrons, diesmal in der 3_1-Bahn. Nachdem wir 8 Stellen durchgegangen haben, folgt wieder eine abgeschlossene Konfiguration im Argon und damit der Beginn der Ausbildung einer neuen Elektronengruppe, und somit der Beginn einer neuen Periode. Die Ausgestaltung der 3_1-, 3_2-, 3_3- und der 4_1- und 4_2-Bahnen verlangt jedoch 18 Elemente, deshalb weist die 3. Periode diese hohe Elementenzahl auf, und in noch höherem Maße gilt dies noch von der 6. Periode. Hier müssen nicht nur die nach außen liegenden Bahnen 6_1 und 6_2 ergänzt werden, bis wir zur nächsten abgeschlossenen Konfiguration der Emanation gelangt sind, sondern auch die tiefer im Atom liegenden 5_1-, 5_2- und 5_3-Elektronen; ja es findet sogar eine Ergänzung in den noch tiefer liegenden 4-quantigen Bahntypen statt. Es hat dies einerseits zur Folge, daß wir in der 6. Periode 32 Elemente antreffen, und ferner — und das ist für das Verständnis der seltenen Erden von ausschlaggebender

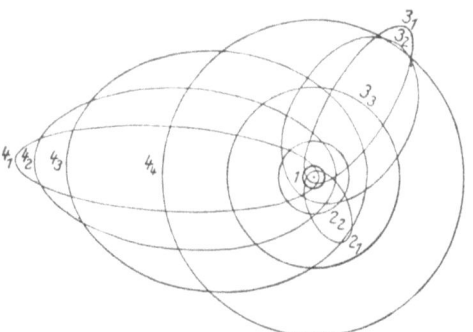

Abb. 1. Die Elektronenbahnen im Wasserstoffatom.

Bedeutung — daß die Änderungen hier zwischen einem Element und dem Nachbarelement darin bestehen, daß nicht etwa wie beim Übergang von Argon zum Kalium in der äußeren Sphäre, sondern in den tiefer innen liegenden noch ein Elektron zugeführt wird. Es sei in diesem Zusammenhange daran erinnert, daß es die Änderungen in der äußersten Elektronengruppe sind, die sich im chemischen Verhalten des Atoms in erster Linie bemerkbar machen. Xenon unterscheidet sich von seinem Nachbar, dem Caesium, im Bau seiner äußersten Gruppe, dasselbe gilt von Caesium und Barium, und von Barium und Lanthan, aber nachdem das Lanthan zustande gekommen ist, und das Atom jetzt noch ein Elektron aufnehmen soll, wird dieses nunmehr in einer tiefliegenden Bahn eingefügt. Die chemischen Folgen einer Änderung in solcher Tiefe des Atoms sind aber verhältnismäßig minimale, und dasselbe gilt von den folgenden, insgesamt 14 Änderungen, die alle in der Tiefe stattfinden — **daher 14 und nur 14 seltene Erden** von so sehr ähnlichem Charakter. Die inneren 4_1-, 4_2-, 4_3-, 4_4-Gruppen sind jetzt vervollständigt. Das beim Aufbau des nächsten Elementes hinzukommende Elektron wird bereits in einer außen liegenden Bahn aufgenommen werden. Das so entstehende Element Nr. 72 muß folglich ganz wesentlich von den 14 vorangehenden seltenen Erden verschiedene chemische Eigenschaften besitzen.

Daß zwischen dem Lanthan und dem Tantal nur 15 Elemente liegen, folgte bereits aus MOSELEYS Untersuchung über den Zusammenhang zwischen Ordnungszahl und Röntgenspektrum, daß es aber nur 14 Ceride gibt, und daß die Atome des 15. Elementes, des Hafniums, bereits prinzipiell verschieden von denen der 14 vorhergehenden gebaut sind, hat aber erst die BOHRsche Theorie vorausgesagt[1]). BOHR wählt eine ähnliche Anordnung des periodischen Systems, wie sie JULIUS THOMSEN vor etwa 30 Jahren

---

[1]) Daß das vor dem Tantal stehende Element vierwertig sei, darauf wurde schon früher von verschiedenen Seiten hingewiesen, so von JULIUS THOMSEN (1895), von WERNER (1905), von RYDBERG (1913), von KOSSEL (1916) und von BURY (1921). Während aber diese Hinweise mehr oder minder auf Grund einer formalen Extrapolation erfolgt sind, beruht die Aussage BOHRS auf der oben besprochenen Feststellung, daß die Zahl der Ceride nur 14 beträgt und auf der Anwendung der eindeutigen Forderung der Theorie, wonach die Anzahl der äußeren (Valenz-) Elektronen im Falle des nächsten Elementes, des der Atomnummer 72 um eine Einheit größer sein muß als in dem vorangehenden Element 71.

vorgeschlagen hat (vgl. S. 6) und wie sie aus Abb. 1 zu ersehen ist. Die schrägen Linien verbinden homologe Elemente, die Einrahmungen zeigen Elementengebiete, in welchen tiefer liegende Elektronengruppen der Atome sich im Umbau befinden; so beginnt ein Umbau der 3-quantigen Bahnen beim Scandium, der 4-quantigen Bahnen beim Yttrium, der 5-quantigen beim Lanthan, der

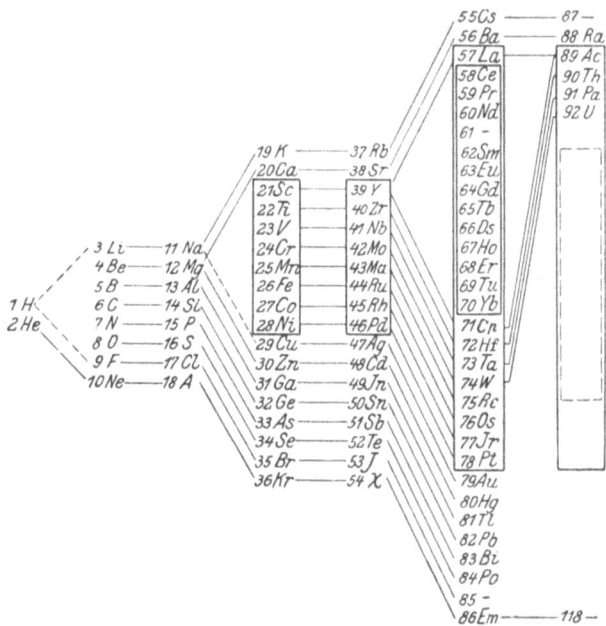

Abb. 2. Das periodische System nach BOHR-JULIUS THOMSEN.

6-quantigen beim Actinium. Die beim Cerium beginnende Einrahmung zeigt gleichfalls eine Ausbildung der 4-quantigen Bahnen an; da aber die in diese Umrahmung gehörenden Elemente auch Elektronen in 5- und 6-quantigen Bahnen (O- und P-Niveau) haben, so sind hier die 4-quantigen Elektronen bereits recht tiefliegende; ein Umbau in diesem Gebiete wird das äußere und somit das chemische Verhalten des Elementes nur wenig beeinflussen. Die beim Cerium beginnende Umrahmung zeigt den Beginn chemisch sehr verwandter Elemente an. Das Element 71, das Cassiopeium (oder Lutetium), die letzte seltene Erde, steht bereits außerhalb des inneren Rahmens, weil im normalen neutralen Atom dieses Elementes die 4-quantige Gruppe bereits vollendet ist.

Das Entstehen dieser eingerahmten Gruppen wollen wir noch etwas näher betrachten. Im Argonatom kreisen 2 Elektronen in 1-quantigen, je 8 in 2- und 3-quantigen Bahnen. Im Falle des nächsten Elementes könnte das hinzukommende Elektron entweder in einer 3_3-Bahn (M-Niveau) oder in einer 4_1-quantigen Bahn gebunden werden. Das neue, 19. Elektron bevorzugt die letztere langgestreckte Bahn, welche eine festere Bindung gibt, weil sie zwischen die früher gebundenen Elektronen eindringt, während die kreisförmige 3_3-Bahn ganz außerhalb des Atomrestes verlaufen würde. Etwas Ähnliches geschieht beim Übergang zum 20. Element, zum Calcium, wo das neu hinzukommende Elektron gleichfalls in einer 4_1-Bahn gebunden wird, obschon der Unterschied in der Stärke der zwei Bindungsmöglichkeiten (3_3 und 4_1) hier bereits kleiner geworden ist, da infolge der höheren Kernladungszahl (größere COULOMBsche Anziehung) des Calciums die den Quantenzahlen 3_3 entsprechende Bahn verkleinert, und somit die ihr entsprechende Bindungsenergie vergrößert wird. Gehen wir noch weiter, zum Scandium, so fällt der Wettbewerb für die stärkere Bindung des neu hinzukommenden 20. Elektrons bereits zugunsten der 3_3-Bahn aus, und damit beginnt der Ausbau einer Untergruppe entsprechend der ersten Klammer in Abb. 2. Mit dem Auftreten dieser 3_3-Bahn geht eine Umordnung der Elektronen in den 3-quantigen Gruppen Hand in Hand, die erst mit der Ausbildung der 3-quantigen Gruppen zu einer 18. Gruppe zu Ende geht.

Die Geschehnisse, die beim Übergang von Calcium zum Scandium stattfanden, finden wir beim Übergang vom Strontium zum Yttrium wieder. Während beim Strontium, ebenso wie beim Rubidium, das neu hinzukommende Elektron sich in einer höheren Bahn (5_1) anlagert als die Elektronen des Kryptons, die sich zwischen den 1-, 2-, 3- und 4-quantigen Bahnen verteilen, erhält das beim Yttrium hinzukommende 39. Elektron in einer 4-quantigen Untergruppe eine stärkere Bindung als in einer anderen Bahn, und somit beginnt hier wieder die Ausbildung einer Untergruppe.

Gehen wir zu der nächsten, der 6. Periode über, so finden wir wieder dasselbe Bild: Beginn einer Untergruppe 3 Stellen nach einem Edelgase; beim Lanthan nimmt der Ausbau der 5_2-Gruppe seinen Anfang. Ein weiterer Ausbau findet aber beim Übergang zu den nächsten Elementen im Gegensatze zu den oben besprochenen Fällen, vorläufig nicht statt, vielmehr wird beim Übergange zum Nachbarelement Cerium, eine noch tiefer liegende 4_4-Gruppe angeschnitten und beim Fortschreiten zu Elementen höherer Ordnungszahl findet ein Ausbau der 4er Gruppen statt. Erst nachdem dieser Ausbau mit dem Element 71, mit dem Cassiopeium seinen Abschluß gefunden hat, beginnt der Weiterbau der 5-quantigen Bahnen, der dann beim Gold seinen Abschluß findet. Die 4er Gruppen liegen hier schon recht tief im Atominnern, und Änderungen, die nur in diesem stattfinden, wie das ja im Gebiete Ce—Cp, der Ceride, der Fall ist, können nur verhältnismäßig geringe Unterschiede im chemischen Verhalten dieser Elemente hervorbringen. Die Ceride stellen den einzigen Fall im ganzen System dar, wo tiefliegende Untergruppen beim Übergang zu Nachbarelementen ausgebaut werden, und die Sonderstellung dieser Elementengruppe findet damit eine einfache Erklärung.

Wir sind auch in der Lage, mit einiger Wahrscheinlichkeit nähere Aussagen darüber zu machen, wie die Ausbildung der 4-quantigen Gruppen im Bereiche vom Cerium bis zum Cassiopeium vor sich geht. Die diesbezüglichen Anschauungen besprechen wir auf S. 33 im Zusammenhange mit den Regelmäßigkeiten in den Röntgenspektren der Ceride.

2. Die Sonderstellung des Ceriums.

Einen besonderen Hinweis fordert das Verhalten des Ceriums. Im Atom des Ceriums, des ersten Cerids, ist nur ein 4_4-Elektron vorhanden. Entfernen wir dieses ziemlich schwach gebundene Elektron, etwa durch die Hilfe eines chemischen Oxydationsmittels, so erhalten wir ein Ce^{++++}, also ein Gebilde, dem ein für die Gruppe der Ceride charakteristischer Baustein gänzlich mangelt. Das Ceridverhalten ist eben an das Vorhandensein von tief eingebauten 4_4-Elektronen gebunden; verschwinden diese, so verschwindet damit das typische Verhalten der Glieder der Gruppe. Deshalb ist das Ce^{++++} gewissermaßen ein für die Gruppe, die wir soeben besprechen, wesensfremdes Gebilde. Denken wir uns den systematischen Aufbau der Ionen der 5. Periode ohne das Auftreten der Ceride, also ohne die Anlagerung der neu hinzukommenden Elektronen in den tieferliegenden 4er-Bahnen, so wäre das Nachbarion des La^{+++} das Ce^{++++}, genau so wie wir es kennen, dessen Nachbar dagegen ein vom Ta^{+++++} nicht unwesentlich verschiedenes Ion, nämlich das Ion eines Elementes, das unedler als das Tantal und das deshalb dem Niob weniger ähnlich wäre als es das Tantal ist. Es käme in diesem fiktiven periodischen System das Ce^{++++} an die Stelle des Hafniumions, das dann gar nicht existieren würde, unterhalb des Thoriumions zu stehen, mit dem es ja ganz analog gebaut ist. Das Ce^{++++} wäre also im Gegensatze zu den 3-wertigen Ceriden auch dann vorhanden, wenn der systematische Aufbau der Elemente aus Kernen und Elektronen seinen Weg nicht so nehmen würde, wie er ihn in der Wirklichkeit nimmt, sondern auch in dem fiktiven Falle, daß die 6. Periode ebenso wie die 5., nur 18 Elemente umfassen würde.

So enthüllt die Atomtheorie die eigenartige Stellung des Ceriums; wir verstehen, warum das Problem der Einreihung des Ceriums in das periodische System früher ein nahezu unüberwindliches war, weshalb die Zwitterstellung des Ceriums soviel Verwirrung in die Deutung der Gruppe der seltenen Erden brachte; wir verstehen auch das ähnliche Verhalten des Ce^{++++} und Th^{++++} (vgl. auch die Ausführungen auf S. 74).

3. Die Lanthanide in der MENDELEJFEFschen Tabelle.

Die für das Verständnis der seltenen Erden so wichtigen Aussagen der Atomtheorie kommen in der BOHR-JULIUS THOMSENschen Tabelle besonders klar zum Ausdruck, wünscht man aber aus historischen oder anderen Gründen die MENDELEJEFFsche Tabelle beizubehalten, so ist es wohl am zweckmäßigsten, die Ceride als ΣCe bezeichnet an derselben Stelle, wo das Lanthan steht, anzubringen und die Einzelglieder der ΣCe unterhalb der eigentlichen Tabelle aufzuzählen, wie es aus der Tabelle ersichtlich ist. Diese Schreibweise scheint uns dem ΣLa vorzuziehen zu sein, da sie zum Ausdruck bringt, daß die an dieser Stelle des Systems auftretende Anomalie dem Erscheinen der 14 Ceride zuzuschreiben ist.

Daß die meisten Elemente in der MENDELEJEFFschen Tabelle so leicht untergebracht werden konnten, rührt eben davon her, daß Atome benachbarter Elemente in der natürlichen Reihe der Grundstoffe in der Zahl und Anordnung ihrer Elektronen in den äußersten Elektronengruppen und somit in ihrem chemischen Charakter sich wesentlich unterscheiden, daß aber im weiteren

Die seltenen Erden im Lichte der Bohrschen Theorie. 15

Tabelle 6. Kurzperiodiges System.

Periode	Gruppe I		Gruppe II		Gruppe III		Gruppe IV		Gruppe V		Gruppe VI		Gruppe VII		Gruppe VIII		
	a	b	a	b	a	b	a	b	a	b	a	b	a	b	a		b
I																	2 He 4,00
II	3 Li 6,94		4 Be 9,2			5 Be 10,82		6 C 12,00		7 N 14,008		8 O 16,000		9 F 19,00			10 Ne 20,2
III	11 Na 23,00		12 Mg 24,32			13 Al 26,97		14 Si 28,6		15 P 31,04		16 S 32,07		17 Cl 35,46			18 Ar 39,88
IV	19 Ka 39,10	29 Cu 63,57	20 Ca 40,07	30 Zn 65,37	21 Sc 45,10	31 Ga 69,72	22 Ti 48,1	32 Ge 72,60	23 V 51,0	33 As 74,96	24 Cr 52,0	34 Se 79,2	25 Mn 54,93	35 Br 79,92	26 Fe 55,84	27 Co 58,97	28 Ni 58,68 36 Kr 82,9
V	37 Rb 85,5	47 Ag 107,88	38 Sr 87,6	48 Cd 112,4	39 Y 89,0	49 Jn 114,8	40 Zr 91,2	50 Sn 118,7	41 Nb 93,5	51 Sb 121,8	42 Mo 96,0	52 Te 127,5	43 Ma —	53 J 126,92	44 Ru 101,7	45 Rh 102,9	46 Pd 106,7 54 X 130,2
VI	55 Cs 132,8	79 Au 197,2	56 Ba 137,4	80 Hg 200,6	La+ΣCe 138,9	81 Tl 204,4	72 Hf 178,6	82 Pb 207,2	73 Ta 181,5	83 Bi 209,0	74 W 184,0	84 Po 210	75 Re	85 —	76 Os 190,9	77 Jr 193,1	78 Pt 195,2 86 Em 222
VII	87 —		88 Ra 226,0		89 Ac —		90 Th 232,1		91 Pa —		92 U 238,2						

VI ΣCe	58 Ce 140,2	59 Pr 140,9	60 Nd 144,3	61 Jl —	62 Sm 150,4	63 Eu 152,0	64 Gd 157,3	65 Tb 159,2	66 Dy 162,5	67 Ho 163,5	68 Er 167,7	69 Tu 169,4	70 Yb 173,5	71 Cp 175,0

Verlaufe der Reihe wieder ganz analog gebaute Atome angetroffen werden. Bei der Eisen-, der Palladium- und der Platingruppe trifft dies bereits nicht mehr zu. Hier, in der letzten Vertikalreihe des Systems, wo es sich in allen drei Gruppen um je 3 Elemente handelte, konnte man über die Anomalie verhältnismäßig leicht hinweggehen. Das Prinzip der Extrapolation versagte jedoch völlig, als man die Elemente der Lanthangruppe, für die insgesamt 2 Stellen zur Verfügung standen, unterbringen sollte. Ohne eine Erfassung des tieferen Sinnes des periodischen Systems war dieses Problem nicht zu lösen. Was die größten Sachkundigen auf dem Gebiete der seltenen Erden nicht vermochten, glückte einem Forscher, der diesem Gebiete völlig fremd gegenüberstand. Die BOHRsche Entdeckung ist ein interessantes Beispiel der in der Geschichte der Naturwissenschaften nicht so seltenen Fälle, wo vielfach ohne Erfolge angegangene Probleme ihre Lösung von fremder und unerwarteter Seite erhalten.

II. Überblick über das chemische Verhalten der seltenen Erden.

A. Chemisches Verhalten und Bindungsstärke der äußeren Elektronen.

Die Elementengruppe der seltenen Erden, welche die Grundstoffe von Scandium bis zum Actinum umfaßt, zeichnet sich durch zwei im engsten Zusammenhange miteinander stehende Eigenschaften aus:

a) Geht man von Element zu Element weiter, so ändern sich die chemischen Eigenschaften in den meisten Fällen nur wenig, und auf den ersten Blick scheint eine nahezu kontinuierliche Abstufung der chemischen Eigenschaften vorzuliegen, ein Verhalten, das das Studium der seltenen Erden für den Chemiker besonders reizvoll gestaltet;

b) zwischen den höheren Homologen des Yttriums, den Elementen der Lanthangruppe, findet man sowohl mehr, wie minder basische Elemente als das Yttrium. Ein Zurückgreifen auf die Anschauungen der Quantentheorie des Atombaus erleichtert den Überblick und das Verständnis der hier obwaltenden Verhältnisse[1]).

---

[1]) v. HEVESY, G.: Z. anorg. Chem. Bd. 147, S. 217; Bd. 150, S. 68. 1925.

Schreitet man in den vertikalen Gruppen des periodischen Systems in der Richtung steigender Atomnummern fort, so steigt die Hauptquantenzahl der Valenzelektronen, womit in den meisten Fällen eine Schwächung ihrer Bindung Hand in Hand geht. Es ist die Stärke dieser Bindung, welche über die chemischen Eigenschaften der Elemente in erster Linie entscheidet. Der Unterschied der Bildungswärmen von RbCl und KCl z. B. hängt nebst dem Unterschied der Gitterenergien und der Verdampfungswärmen von Rubidium und Kalium vom Unterschied in der Stärke der Bindung des Valenzelektrons in diesen Elementen ab, und die größere Bildungswärme des RbCl erklärt sich unter anderem durch den geringeren Arbeitsaufwand, welchen die Ionisation des Rubidiumatoms fordert, einen Arbeitsaufwand, welchen man ja von den energieliefernden Gliedern der Reaktion in Abzug zu bringen hat. Die schwächere Bindung des Valenzelektrons im Rubidium steht auch mit dem stärker heteropolaren Charakter der Rubidiumverbindungen und dem stärker basischen Charakter des Rubidiums in nahem Zusammenhange.

Auch beim Übergang des Yttriums zu seinem unmittelbaren Homologen, zum Lanthan, findet man eine ähnliche Schwächung der Bindung der Valenzelektronen und damit einen deutlich mehr heteropolaren Charakter der Lanthanverbindungen, eine stärkere Basizität des Lanthans, und ähnliche Verhältnisse gelten auch für das Zirkonium und Hafnium usw. Während aber das Zirkonium nur ein einziges Homologes in der 6. Periode hat, finden wir hier, infolge des Auftretens der Ceriumgruppe 15 Homologe des Yttriums. Diese 15 Elemente unterscheiden sich, wie vorhin angeführt, durch eine verschiedene Besetzung der tiefer liegenden 4-quantigen Bahnen.

Betrachten wir z. B. das dem Lanthan unmittelbar folgende Cerium: Die Valenzelektronen werden in diesem Atom stärker gebunden sein als im Lanthan, das ja eine geringere Kernladungszahl hat und so auf die Valenzelektronen eine geringere Anziehung ausübt. Die Anziehung der positiven Kernladung auf die Valenzelektronen wird zum Teil durch die Gegenwart anderer das Atom aufbauenden Elektronen abgeschirmt. Im Ceriumatom ist auch die Zahl der abschirmenden Elektronen um eine Einheit größer, doch ist die Abschirmung dieses in der 4-quantigen Bahn — also ziemlich draußen — liegenden Elektrons eine recht unvollkommene, so daß die effektive Kernladungszahl (Ordnungszahl verringert um eine die Abschirmung der COULOMBschen Anziehung messende Größe), auf die es uns ankommt, im ganzen doch eine Steigerung erfährt.

Da die Valenzelektronen des Ceriums und der anderen hier besprochenen Atome einen Teil ihrer Bahn in der Nähe des Kernes beschreiben, werden sie in diesem Teile ihrer Bahn der vollen Wirkung der positiven Kernladung ausgesetzt, und es ist die Stärke dieser Wirkung, welche in erster Linie die Bindungsstärke des Valenzelektrons bestimmen wird. Die Abnahme der Bindungsstärke der Valenzelektronen, also der Vorsprung in der Basizität, den das Lanthan dem Yttrium gegenüber dadurch gewonnen hat, daß die Valenzelektronen in eine höhere Quantenbahn gelangt sind und dadurch eine Schwächung ihrer Bindung erlitten haben, wird jetzt zum Teil dadurch wettgemacht, daß im Cerium die Valenzelektronen (wir wollen vorerst nur die Valenzelektronen des dreiwertigen Ceriums betrachten) etwas stärker gebunden worden sind. Dem Cerium folgt eine Reihe anderer Homologe des Yttriums, und etwa beim Holmium tritt der Fall ein, wo die Schwächung, welche die Bindung der Valenzelektronen des Yttriums beim Übergang zum Lanthan, d. h. zu einer höheren Quantenbahn, erlitten hat, kompensiert wird. Die Kompensation erfolgt dadurch, daß die Kernladungszahl bei unveränderter Quantenzahl der Valenzelektronen eine entsprechende Zunahme erfahren hat.

Wenn wir zu seltenen Erden noch höherer Ordnungszahl übergehen, kommt bald eine Stelle, wo die Bindung der Valenzelektronen sogar noch stärker ist als im Yttrium, wo also eine Überkompensierung der Schwächung der Bindung stattgefunden hat, welche die Valenzelektronen des Yttriums beim Übergang zu einer höherquantigen Bahn erlitten haben. Diese eigenartigen Bedingungen sind die Ursache davon, daß das Yttrium, soweit seine chemischen Eigenschaften betrachtet werden, nicht außerhalb seiner höheren Homologen, sondern in deren Mitte steht, im Gegensatze zu allen anderen Elementen des periodischen Systems; sie machen auch die bereits von MARIGNAC gemachte Beobachtung verständlich, daß die Elemente der Yttriumgruppe in keine scharfen Gruppen zerfallen, sondern eine fast kontinuierliche Abstufung der chemischen Eigenschaften zeigen.

Anders liegen die Verhältnisse für das niedrigere Homolog, das Scandium. Der recht beträchtliche Unterschied in den Eigenschaften zwischen Scandium und Lanthan wird zwar teilweise kompensiert, wenn man in der Richtung zum Cassiopeium fortschreitet, doch ist die Schwächung, welche die Bindung der Valenzelektronen des Scandiums erlitten hat, beim Übergang zu Quantenbahnen, die ja um 2 Einheiten höher liegen, so bedeutend, daß zu ihrer Kompensierung die Zunahme der Bindungsstärke bei der Ausbildung der Reihe der seltenen Erden nicht mehr genügt. Die Scandiumverbindungen sind deutlich weniger basisch als die korrespondierenden Verbindungen aller übrigen seltenen Erden.

Das höchste Homolog des Lanthans, das Actinium, hat Valenzelektronen, die den 7- und 6-quantigen Bahnen angehören. Trotz hoher Kernladungszahl sind diese Elektronen verhältnismäßig schwach gebunden, und das Actinium ist deshalb ein ausgeprägt stärker heteropolares Element, als alle anderen Glieder der Scandiumreihe. Sucht man nach einem Element, das noch heteropolarer als das Actinium ist, so wird man sich zu Elementen niedrigerer Valenz, zu den 2-wertigen Elementen hinwenden müssen, und zwar zu solchen niedriger Kernladungszahl, wo die für die Bindungsstärke günstige niedrige Quantenzahl der Valenzelektronen durch die Kleinheit der Kernladungszahl in gewünschtem Maße kompensiert wird, also zum Magnesium oder Calcium. Bekanntlich folgen die chemischen Eigenschaften des Actiniums teilweise denen des Lanthans und teilweise denen des Calciums.

Dieselben Überlegungen kommen in Betracht, wenn wir vom Scandium zu noch weniger basischen Verbindungen überzugehen wünschen. Man wird sich dann höherwertigen, 4-wertigen Elementen zuwenden und unter diesen, um die gewaltige Steigerung, die dabei in der Bindung der Elektronen auftritt, möglichst abzudämpfen, das höchste Homologe aufsuchen. So führt das Thorium die Reihe des 3-wertigen Ac, La, Ce, Pr, Nd, Sm, Eu, Gd, Tb, Dy, Y, Ho, Er, Tu, Yb, Cp (oder Lu)—Sc weiter. Das nächste Glied ist dann das 4-wertige Cerium, dessen Verbindungen weniger heteropolar sind als die korrespondierenden Thoriumverbindungen, da das Sinken der Kernladungszahl von 90 auf 58 nur teilweise die Zunahme der Bindungsstärke der 4 Valenzelektronen des Ceriums kompensiert; wobei die Zunahme der Bindungsstärke dadurch zustande kommt, daß den letztgenannten Elektronen niedrigere

Quantenbahnen zukommen als den Valenzelektronen des Thoriums. Die, verglichen mit der des 4-wertigen Ceriums, beträchtlich schwächere Basizität des Hafniums ist dann wieder dem Steigen der Kernladungszahl von 58 auf 72 zuzuschreiben, wobei in den Quantenzahlen der Valenzelektronen, wie es die Zahlen der Tabelle 5 zeigen, nur verhältnismäßig geringe Änderungen vor sich gehen.

Zusammenfassend läßt sich wohl folgendes sagen: Für das chemische Verhalten eines Atoms und analog für das eines Ions ist die Bindungsstärke der äußeren Elektronen maßgebend. Die letztere Größe hängt wieder in hohem Grade von der Größe der positiven Kernladung ab. Beim Vergleich zweier Nachbarelemente zeigt sich aber im allgemeinen der Einfluß der Größe der Kernladung nur mittelbar, weil die Stärke der COULOMBschen Anziehung sowohl von der Größe der Kernladung wie von der Quantenzahl der Elektronenbahnen abhängt und sich in der Regel 2 Nachbarelemente sowohl in ihrer Kernladungszahl wie in der Anordnung ihrer äußeren Elektronen unterscheiden. Beim Vergleich der Glieder der Lanthangruppe können wir dagegen gewissermaßen den direkten Einfluß der Änderung der Kernladung auf die chemischen Eigenschaften des Atoms beobachten, da ja der äußere Aufbau des Atoms zumindest in erster Annäherung dabei unverändert bleibt. Diese Aussage gilt nicht für das Yttrium, dessen Valenzelektronen ja eine niedrigere Quantenzahl haben als die der Elemente der Lanthangruppe, da aber die Eigenschaften dieses Elementes zwischen die der Endglieder der Lanthaniden fällt, kann es benutzt werden, um den Übergang zwischen den Gliedern dieser Elementengruppe noch vollkommener dadurch zu überbrücken, daß es zwischen dem Dy und Ho eingeschoben wird. Das Scandium und Actinium dienen dagegen nur dazu, die Reihe der so ausgestalteten Lanthanide an beiden Enden fortzuführen.

Die Steigerung der Kernladung bei einem in den wesentlichsten Zügen unveränderten äußeren Aufbau des Atoms bedeutet eine Verstärkung der Bindung der Valenzelektronen und damit ein Edlerwerden des Atoms. Allerdings vermag die Theorie zur Zeit noch keine quantitative Aussage über die Zunahme der Bindungsstärke der Valenzelektronen zu machen. Man muß auch bedenken, daß die Wirkung der hinzugekommenen positiven Kernladung durch das hinzugekommene 4-quantige Elektron — das ja näher zum Kern als zu dem Gebiete liegt, wo die Valenzelektronen den größten Teil ihrer Bahn zurücklegen — zum großen Teil wettgemacht, „abgeschirmt" wird und daß die Größe dieser Abschirmung eine Funktion der Zahl und Anordnung dieser Elektronen ist. Um quantitative Aussagen über die Stärke der Elektronenbindung zu erhalten, muß man sich demnach dem Experiment zuwenden. Die Bindungsstärke der Valenzelektronen läßt sich am einfachsten durch die Größe des Ionisierungsspannung der betreffenden Elemente messen, ein Weg, der jedoch zur Zeit nicht zugänglich (vgl. jedoch S. 30) ist, ebensowenig lassen sich die Ionisierungsspannungen aus den optischen Seriengrenzen berechnen, welche für die hier behandelten Elemente nicht bekannt sind[1]). Wir sind deshalb gezwungen, unsere Zuflucht zu den Molekularvolumina, und zwar zu den Molekularvolumina von analogen Verbindungen zu nehmen, da die meisten hierhergehörenden Elemente in metallischem Zustande nicht zugänglich sind. Je stärker die Valenzelektronen der betreffenden Erde gebunden sind, desto kleiner wird das Volumen der korrespondierenden Verbindung ausfallen, wobei vorausgesetzt ist, daß wir das Molekularvolumen isomorpher gleichwertiger Verbindungen vergleichen. Diese Voraussetzungen finden sich erfüllt bei der Bestimmung der Molekularvolumina der Sesquioxyde, welche V. M. GOLDSCHMIDT und seine Mitarbeiter[2]) ausführten, und bei der der Octohydrosulfate, deren Molekularvolumina der Verfasser bestimmte[3]).

B. Das Molekularvolumen der Sesquioxyde.

Eine ganz unmittelbare und sehr genaue Methode zur Bestimmung des Molekularvolumens liefert die Aufnahme von Röntgendiagrammen etwa nach der Methode von DEBYE und SCHERER,

---

[1]) Dagegen ist die Multipletstruktur des Scandiums (MEGERS, KIESS und WALTER: J. opt. Soc. Bd. 9, S. 355. 1924) und die des Yttriums (MEGERS und KIESS: J. opt. Soc. Bd. 12, S. 417. 1926; LAPORTE: Z. f. Phys. Bd. 39, S. 123. 1926) ausführlich, die des Lanthans (GOUDSMIT: Proc. Roy. Chem. Anat. Bd. 28, Nr. 1. 1924) zum Teil untersucht. Über das Spektrum des Scandiums vgl. auch S. PINA DE RUBIES: Cpt. rend. hebdom. des séances de l'acad. des sciences Bd. 180, S. 181. 1925.

[2]) GOLDSCHMIDT, ULRICH, BARTH: Osloer Akad. Ber. Nr. 5, 1925; GOLDSCHMIDT, BARTH und LUNDE: ebenda 1925, Nr. 6; GOLDSCHMIDT: ebenda 1926, Nr. 2.

[3]) HEVESY: Z. anorg. Chem. Bd. 147, S. 217; Bd. 150, S. 68. 1925.

und dieses Verfahren wählten GOLDSCHMIDT, ULRICH und BARTH zur Bestimmung der Molekularvolumina der Sesquioxyde der seltenen Erden. Sie fanden, daß diese Oxyde mindestens 3 verschiedene Krystallarten bilden, welche sie mit A, B, C bezeichnen. A ist bei den höchsten Temperaturen beständig, C bei den tiefsten; die Beständigkeitsgebiete verschieben sich von Element zu Element derart, daß die Umwandlungstemperaturen innerhalb der Reihe Lanthan—Cassiopeium mit steigender Atomnummer steigen. Die hexagonale Krystallart A konnte beim La, Ce, Pr, Nd untersucht werden, die pseudotrigonale Krystallart B_1 (die Verfasser unterscheiden eine weitere Krystallart B_2, vgl. S. 116) beim Nd, Sm, Eu und Gd, während es gelungen ist, die Länge der Würfelkanten der regulären Krystallart C für das Sesquioxyd aller Samaride (Samarium + die darauf folgenden Glieder der Lanthangruppe) sowie des Scandiums und Yttriums zu ermitteln. Die 3. Potenz der Würfelkante multipliziert mit der LOSCHMIDTschen Zahl und dividiert durch 16 ergibt das gesuchte Molekularvolumen. Wir sind demnach in der Lage, die Molekularvolumina der Oxyde der zuletzt erwähnten Elemente miteinander zu vergleichen, ferner die der Oxyde von La, Ce, Pr, Nd untereinander und gleichfalls auch die des Nd, Sm, Eu und Gd. Der Vergleich der Molekularvolumina zeigt in allen 3 Fällen, daß diese mit steigender Atomnummer der Lanthanide abnehmen („Lanthanidenkontraktion", wie sie GOLDSCHMIDT nennt), dagegen findet in der Richtung Sc—Y—La eine beträchtliche Zunahme des Molekularvolumens statt, wie das die folgenden Zahlen[1]) zeigen:

Tabelle 7. Molekularvolumina der Krystallart C der Sesquioxyde.

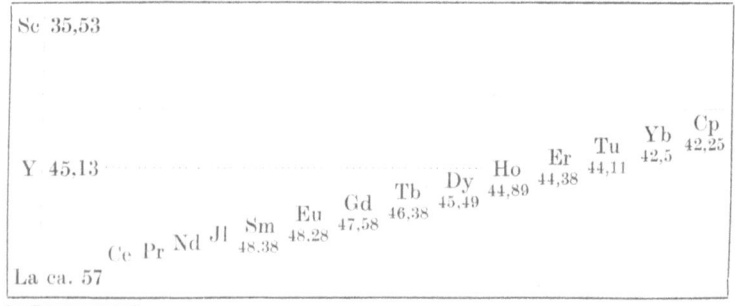

---

[1]) Nach einer freundlichen brieflichen Mitteilung des Herrn Prof. V. M. GOLDSCHMIDT.

Molekularvolumina der Krystallart B der Sesquioxyde.
(Durch Interpolation gewonnene Näherungswerte.)

Nd	Sm	Eu	Gd
ca. 51??	46,9	46,5	ca. 43??

Molekularvolumina der Krystallart A der Sesquioxyde.

La	Ce	Pr	Nd
50,28	47,89	46,65	46,55

Molekularvolumina der Dioxyde.

CeO_2	PrO_2	TbO_2 (extrapol aus dem Werte von Tb_4O_7)
47,98	46,65	39,23

Die Abnahme der Molekularvolumina der Samaride der Krystallart C, sowie die der ersten 4 Lanthanide der Krystallart A, mit steigender Atomnummer ist ferner aus der Tabelle 7 ersichtlich. Die Betrachtung der Zahlenreihen läßt keinen Zweifel darüber bestehen, daß die Ausbildung der Ceriumgruppe, also die Komplettierung der 4-quantigen Bahnen, mit einer durchgehenden Kontraktion verbunden ist, infolge der zunehmenden Bindungsstärke der Valenzelektronen mit steigender Kernladungszahl des Cerids. Andererseits finden wir die erwartete Zunahme des Molekularvolumens beim Übergange Sc—Y—La, ähnlich wie wir sie etwa im Falle Ca—Sr—Ba oder K—Rb—Cs antreffen. Der Vorsprung des Lanthans gegenüber dem Yttrium wird aber beim Fortschreiten in der Richtung zum Cassiopeium allmählich wettgemacht, das Holmiumoxyd hat schließlich nahezu dasselbe Molekularvolumen wie das Yttriumoxyd, in bester Übereinstimmung mit der außerordentlich nahen Verwandtschaft der chemischen Eigenschaften dieser zwei Erden (vgl. S. 105). Gehen wir in der Reihe noch weiter, so finden wir den Vorsprung des Lanthans dem Yttrium gegenüber überkompensiert, die Molekularvolumina der Holmide sind alle kleiner als das des Yttriums, doch bleibt das Molekularvolumen des letzten Gliedes, des Cp_2O_3, das 6,4% geringer als das Y_2O_3 ist, noch um 18,9% größer als das Molekularvolumen des Sc_2O_3. Der Unterschied in der Bindungsstärke der Valenzelektronen des Sc_2O_3 und des ihm am nächsten verwandten Sesquioxyds der seltenen Erden, des Cp_2O_3, ist demnach ein durchaus nicht unbeträchtlicher. Ein Blick auf die Molekularvolumina der Oxyde macht es bereits verständlich, daß man das Scandium leicht von den übrigen seltenen Erden abtrennen kann. Die kontrahierende Wirkung der Steigerung der Kernladungszahl zeigt sich auch beim Vergleich der Molekularvolumina der Dioxyde. Die krystallochemischen Beziehungen zwischen den Oxyden der seltenen Erden finden sich auf S. 116 besprochen.

C. Das Molekularvolumen der Octohydrosulfate.

Die Octohydrosulfate aller Praseodymide sowie des Yttriums sind isomorph, und der Vergleich ihrer Molekularvolumina[1]) eignet

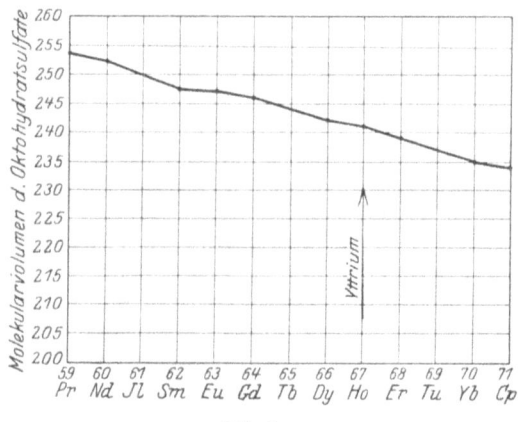

Abb. 3.

sich deshalb ausgezeichnet dazu, um eine Aufklärung über die Änderung der Bindungsstärke der Valenzelektronen mit zunehmender Ordnungszahl des Cerids zu erhalten. Das Ceriumoctohydrosulfat krystallisiert rhombisch oder triklin und ist nicht isomorph mit den obenerwähnten monoklinen Octohydrosulfaten, vom Lanthan ist überhaupt kein Octohydrosulfat bekannt. Die Molekularvolumina sind vom Verfasser durch Dichtemessungen der Octohydrosulfate des Freiherrn AUER VON WELSBACH nach der Schwebemethode bestimmt worden, und die Ergebnisse finden sich in Tabelle 8 aufgezählt. Wir sehen daraus, sowie aus der Abb. 3, daß eine Erhöhung der Ordnungszahl des Cerids eine Kontraktion des Octohydrosulfats mit sich bringt, ähnlich wie

---

[1]) HEVESY: l. c.; vgl. auch NIGGLI, P.: Z. f. Krist. Bd. 56, S. 41. 1921 und GRIMM, H. G.: Z. phys. Chem. Bd. 101, S. 403. 1922.

wir es im Falle der Sesquioxyde gesehen haben. In beiden Fällen ist jedoch die Kontraktion anomal gering beim Übergang von Samarium zum Europium und von Ytterbium zum Cassiopeium, d. h. vom 5. zum 6. und vom 13. zum 14. Cerid. Es liegt nahe, diesen Sachverhalt mit dem Abschluß je einer Untergruppe beim 6. und 14. Cerid in Verbindung zu bringen. Wir werden später verschiedene Argumente kennenlernen, die gleichfalls für eine Unterteilung der 14 Ceride in eine 6er und eine 8er Gruppe sprechen.

Tabelle 8.
Molekularvolumina der Octohydrosulfate.

Atomnummer	Molekulargewicht	Dichte (d_{20}^0)	Molekularvolum
39 (Y)	610,33	2,535	240,8
59 (Pr)	714,1	2,813	253,9
60 (Nd)	720,9	2,856	252,4
—	—	—	—
62 (Sm)	733,1	2,957	247,9
63 (Eu)	736,3	2,977	247,3
64 (Gd)	746,9	2,031	246,4
—	—	—	—
66 (Dy)	757,3	3,119	242,8
67 (Ho)	759,3	3,149	241,1
68 (Er)	767,7	3,205	239,3
—	—	—	—
70 (Yb)	779,3	3,315	235,1
71 (Cp)	782,3	3,333	234,7

D. Das Molekularvolumen der Chloride.

BOURION[1]) bestimmte die Dichte der wasserfreien Chloride der Lanthangruppe und berechnete daraus deren Molekularvolumina, welche aus der Tabelle 9 ersichtlich sind, diese enthält auch das von MATIGNON bestimmte Molekularvolumen des YCl_3.

Das Molekularvolumen nimmt hier bis etwa zum $GdCl_3$ ab, steigt dann bis zum $DyCl_3$ an und sinkt dann wieder.

Tabelle 9.

Verbindung	Mol.-Vol.	Verbindung	Mol.-Vol.
YCl_3	68,8	$EuCl_3$	—
$LaCl_3$	64,8	$GdCl_3$	58,4
$CeCl_3$	62,9	$TbCl_3$	61,1
$PrCl_3$	60,7	$DyCl_3$	73,3
$NdCl_3$	60,6	$YbCl_3$	70,2
$SmCl_3$	60,2	$CpCl_3$	70,2

Wie weit die Chloride der Lanthangruppe isomorph sind, darüber liegen keine Angaben vor, die Bemerkung BOURIONS, daß die Krystalle des $DyCl_3$ ein ganz anderes Aussehen haben als die der vorangehenden Erdchloride, spricht

---

[1]) BOURION: Ann. Chim. et Phys. Bd. 20, S. 547. 1900.

jedenfalls gegen eine durchgehende Isomorphie der untersuchten Chloride. Somit können wir aus den obigen Werten keine Schlüsse auf die Abstufung der Bindungsstärke der Valenzelektronen mit zunehmender Ordnungszahl des Lanthanids schließen. Es sei in diesem Zusammenhange an das Beispiel der Caesiumhalogenide erinnert; diese haben nicht deshalb ein kleineres Molekularvolumen als die korrespondierenden Rubidiumverbindungen, weil das Valenzelektron des Caesiumatoms stärker gebunden ist als das des Rubidiumatoms, sondern aus Gründen, die in der Verschiedenheit der Krystallstrukturen der Rubidium- und Caesiumhalogenide liegen.

E. Das Molekularvolumen der Doppelnitrate.

Das Molekularvolumen des Magnesiumdoppelnitrats zeigt im untersuchten Gebiete La bis Gd eine Abnahme mit steigender Ordnungszahl. Die isomorphen Doppelnitrate haben die Formel $2\,La(NO_3)_3,\ 3\,Mg(NO_3)_2,\ 24\,H_2O$.

Tabelle 10.

Doppelnitrat des	Mol.-Vol.	Doppelnitrat des	Mol.-Vol.
La	768,3	Nd	761,2
Ce	764,2	Sa	742,4
Pr	758	Gd	723,0

Ermittelt sind ferner die Molekularvolumina der Doppelnitrate des Ce, Pr, Nd, Sm und Gd mit Ni, Co, Zn und Mn durch JANTSCH[1]); die erhaltene Reihenfolge ist in allen Fällen bis auf den des Mangandoppelsalzes die obige.

F. Das Atomvolumen der seltenen Erdmetalle.

Das Atomvolumen ist nur für 7 Elemente bekannt, seine Abhängigkeit von der Ordnungszahl ist, wie aus den Zahlen der Tabelle ersichtlich, eine ganz unregelmäßige, die vermutlich entweder mangelnder Reinheit oder aber mangelnder Isomorphie zuzuschreiben ist.

---

[1]) JANTSCH, G.: Z. anorg. Chem. Bd. 76, S. 311. 1912.

Für die beiden Modifikationen des Ceriums: α) hexagonale dichteste Kugelpackung und β) kubisch flächenzentriert, sind auch die Gitterdimensionen bekannt.

Tabelle 11.

Element	At.-Vol.	Element	At.-Vol.
La	22,6	Sa	19,5
Ce	21,0	Yt	23,3
Pr	21,8	Yb	19,8
Nd	20,7		

Gitterdimensionen und Atomvolumina der zwei Modifikation des Ceriums.
α) $a_w = 3,65$, $c = 5,96$, $c/a = 1,633$,   At.-Vol. = 20,9.
β) $b = 5,12$,   At.-Vol. = 20,4.

Die Darstellung der einzelnen seltenen Erdmetalle in reinem Zustande und die Aufnahme ihrer Röntgendiagramme wird hoffentlich bald einen vollständigen Überblick über die Atomvolumina dieser Elemente ermöglichen. Auf die verhältnismäßig geringe Kontraktion, die im Gebiete der Ceridmetalle vor sich geht, kann man übrigens aus der Abb. 4 schließen, wo im Gebiete Cs bis W die Atomvolumina der Metalle als Funktion ihrer Ordnungszahlen aufgetragen sind. Man sieht, daß beim Übergange vom Cs zum Ba und auch bei dem des Ba zum La das Atom als Folge einer stärkeren Bindung der Valenzelektronen eine starke Kontraktion erleidet.

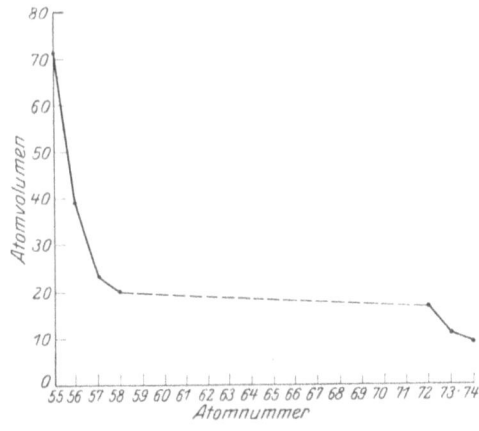

Abb. 4. Atomvolumina der Elemente.

Auch der Übergang La—Ce ist noch mit einer nicht unbedeutenden Kontraktion verbunden, wogegen die gesamte Kontraktion zwischen Ce und Hf — worin die unbekannte, wohl relativ große Kontraktion beim Übergang vom Cp zum Hf bereits inbegriffen ist — eine recht bescheidene ist. Daß die Kontraktion im Ceridgebiet nicht größer ist, muß im wesentlichen der, wenn auch nur unvollkommenen, doch sehr weitgehenden abschirmenden Wirkung der 4_4 Elektronen zugeschrieben werden. Die kontrahierende Wirkung der steigenden Kernladung auf das Volumen des Atoms kommt infolge der letzteren nur in geringem Ausmaße zur Geltung (vgl. dazu auch die Ausführungen auf S. 33).

Zusammenfassend können wir sagen, daß der Vergleich der Molekularvolumina isomorpher korrespondierender Verbindungen der seltenen Erden eine solche Änderung der Bindungsstärke der Valenzelektronen mit der Kernladungszahl anzeigt, wie sie auf Grund der Überlegungen der Atomtheorie zu erwarten ist. Es zeigt der Vergleich das Einmünden des Yttriums in die Reihe der Lanthanide beim Holmium an, ferner deutet er Unstetigkeiten im Ausbau der Untergruppen beim Europium und Cassiopeium an. Mangels einer derzeitigen Möglichkeit, die Bindungsstärke der Valenzelektronen nach einer mehr unmittelbaren Methode zu messen (vgl. jedoch S. 30), haben die Bestimmungen der Molekularvolumina für unsere Kenntnisse des Verhaltens der seltenen Erden eine hervorragende Bedeutung.

G. Weitere Methoden zur Bestimmung der Basizitätsreihe.

Wir sahen in den vorigen Abschnitten, daß die Reihenfolge abnehmender Molekularvolumina korrespondierender Verbindungen die steigende Bindungsstärke der äußeren Elektronen und somit auch die Reihenfolge abnehmender Basizität angibt. Dieses Ergebnis kann auch durch das Heranziehen physikalisch-chemischer Methoden erzielt werden. Verfolgt man z. B. die bei der Reaktion

$$(Erde)_2 (SO_4)_3 + 5 KJ + KJO_3 + 3 H_2O$$
$$= 2 \, Erde \, (OH)_3 + 3 \, K_2SO_4 + 3 \, J_2$$

freiwerdende Jodmenge[1]), so liefert die Reihenfolge der zunehmenden Jodmenge die der abnehmenden Basizität. Sie entspricht der Reihenfolge, wie wir sie beim Vergleich der Molekularvolumina der Sesquioxyde, der Octohydrosulfate usw. erhalten haben; der Unterschied zwischen der Wirkung des Sm und Eu ist abnorm gering, ähnlich wie auch die Kontraktion der Molekularvolumina in diesem Gebiete (vgl. S. 25).

Eine andere Methode besteht im Kochen der Sulfatlösung mit genau der äquivalenten Menge von Natriumcarbonat und in der

---

[1]) KATZ u. JAMES: Journ. of the Americ. chem. soc. Bd. 36, S. 717. 1914.

Messung der Geschwindigkeit, mit welcher sich Kohlensäure entwickelt[1]). Die erhaltene Reihenfolge ist: Pr, Nd, Sm, Eu, Gd, Tb, Dy, Yt, Tu, Yb, also wieder dieselbe, wie die der abnehmenden Molekularvolumina (vgl. dagegen S. 51).

Je basischer die Verbindung ist, desto geringere Neigung wird sie zur Hydrolyse aufweisen. Der Vergleich der Wasserstoffionkonzentrationen von Lösungen analoger Verbindungen sollte demnach gleichfalls die erwünschte Aufklärung über die Reihenfolge zunehmender Bindungsstärke der äußeren Elektronen bzw. über die abnehmender Basizitätsreihe ergeben. Die von E. BODLÄNDER[2]) ausgeführten Messungen über die Hydrolysegeschwindigkeit neutraler Chloride ließen aber ein recht verwickeltes Verhalten erkennen. Dies wird zum Teil der Schwierigkeit zuzuschreiben sein, die Chloride derart neutral darzustellen, daß die gemessenen, oft nur minimalen Wasserstoffionkonzentrationen ausschließlich von der Hydrolyse des Chlorids herrühren. Auch aus der Reihenfolge der Löslichkeiten suchte man gelegentlich die Basizitätsreihe abzuleiten, doch ist die Löslichkeit — deren Größe sowohl von der Gitterenergie der Verbindung, wie von der Lösungswärme ihrer Ionen abhängt — eine so verwickelte Funktion der Bindungsstärke der Elektronen, daß man die erstere Größe nicht zur Messung der letzteren heranziehen kann, zum großen Glück des auf diesem Gebiet arbeitenden präparativen Chemikers, der dadurch in die Lage kommt, trotz des oft nur geringen Unterschiedes in der Bindungsstärke der Valenzelektronen zweier Erden, eine Trennung durch die Krystallisation passend gewählter Verbindungen auszuführen.

Tabelle 12. Brechungsexponent der Äthylsulfate
[La 2 ($C_2H_5SO_4$)$_6$ · 18 H_2O] usw.

	ω		ω		ω		ω
La	1,493	Pr	1,482	Sm	1,487	Yt	1,493
Ce	1,482	Nd	1,486	Gd	1,490	Dy	1,495

Wir wollen an dieser Stelle noch auf die Reihenfolge der Brechungsexponenten hinweisen. Diese ist am ausführlichsten für die

---

[1]) BRINTON u. JAMES: Journ. of the Americ. chem. soc. Bd. 43, S. 1446. 1921.
[2]) BODLÄNDER, E.: Diss. Berlin 1915; vgl. auch die älteren Messungen BRUNNERS: Z. f. Elektrochem. Bd. 14, S. 525. 1908.

Äthylsulfate bekannt und nimmt, wie aus den Zahlen der Tabelle 12 ersichtlich, mit zunehmender Atomnummer vom Lanthan- bis zum Dysprosiumäthylsulfat zu; der Exponent für die Yttriumverbindung liegt zwischen dem des Gadoliniums und Dysprosiums.

H. Berechnung der Ionisierungsspannung aus der Flammenleitfähigkeit.

Wie bereits erwähnt, konnten die Ionisierungsspannungen der seltenen Erdelemente mit der Hilfe der üblichen Methoden bis jetzt nicht ermittelt werden. ROLLA und PICCARDI[1]) haben dagegen neuerdings versucht, die Ionisierungsspannungen der vier ersten Lanthanide, des Samariums sowie des Gadoliniums und Ytterbiums aus der Leitfähigkeit einer die Oxyde der obigen Elemente enthaltenden Flamme auf Grund der folgenden Überlegung zu berechnen: Sie bringen die Substanz auf einem dünnen Metallfaden in einer Flamme zur Verdampfung, wobei sich die Atome (A) teilweise, nach der Gleichung ($A \rightleftarrows A^+ + \Theta$), in Ionen ($A^+$) und Elektronen ($\Theta$) spalten sollen. Die Flammenleitfähigkeit ist im Wesentlichen durch die Zahl der Elektronen gegeben, welche ihrerseits wieder etwa gleich der Zahl der Ionen angesetzt wird. Die Zahl der neutralen Atome berechnen die Verfasser aus dem Gewicht der in der Zeiteinheit verflüchtigten Substanz und werten dann K aus mit der Hilfe des Ansatzes $K = \dfrac{(A^+)(\Theta)}{(A)}$. Um von K zum Werte der Ionisierungswärme bzw. der Ionisierungsspannung zu gelangen, benutzen sie die Reaktionsisochore

$$U = -RT^2 \frac{d \log K}{dT}.$$

ROLLA und PICCARDI gelangen auf diese Weise bei 2300° zu den folgenden Werten (Tabelle 13).

Die geschilderte Methode könnte gewagt erscheinen, da ja die Möglichkeit vorliegt, daß die glühenden Oxyde ohne Verdampfen Elektronen emittieren[2]). Doch steigen die so erhaltenen V Werte mit steigender Ordnungszahl der Lanthanide und die Resultate

---

[1]) ROLLA, L. u. G. PICCARDI: Atti d. reale accad. dei Lincei, Roma Bd. 2, S. 29, 173 u. 334. 1925; Bd. 3, S. 410. 1926; Gazz. chim. ital. Bd. 56, S. 512. 1926.

[2]) Vgl. FRANCK und JORDAN: Anregung von Quantensprüngen durch Stöße, S. 195. Berlin 1926.

Übersicht über die nicht dreiwertigen Verbindungen der seltenen Erden. 31

Tabelle 13.

Element	Salz	Gewichtsverlust per sec.	Galvanometer Ausschlag	Zahl der Atome per sec	Zahl der Elektronen per sec	log K	V
La	La_2O_3	$2,06 \cdot 10^{-6}$	123,68	$8,10 \cdot 10^{15}$	$1,93 \cdot 10^{13}$	12,662	5,49
Pr	Pr_4O_7 (?)	$2,34 \cdot 10^{-6}$	72,25	$8,38 \cdot 10^{15}$	$1,12 \cdot 10^{14}$	12,178	5,76
Nd	Nd_2O_3	$1,26 \cdot 10^{-6}$	15,88	$4,50 \cdot 10^{15}$	$2,48 \cdot 10^{13}$	11,133	6,31
Sa	Sa_2O_3	$1,23 \cdot 10^{-6}$	8,07	$4,23 \cdot 10^{15}$	$1,26 \cdot 10^{13}$	10,576	6,55
Gd	Gd_2O_3	$1,24 \cdot 10^{-6}$	6,16	$4,12 \cdot 10^{15}$	$9,61 \cdot 10^{12}$	10,406	6,65
Yb	Yb_2O_3	$1,04 \cdot 10^{-6}$	2,16	$2,79 \cdot 10^{15}$	$3,35 \cdot 10^{12}$	9,582	7,06
Ce	CeO_2	$5,53 \cdot 10^{-6}$	7,61	$1,92 \cdot 10^{16}$	$1,18 \cdot 10^{13}$	9,866	6,91

stehen somit in Übereinstimmung mit unseren bisherigen Betrachtungen. Nur das Cerium fällt aus der Reihenfolge heraus, welche uns die früher geschilderten, wohl sehr zuverlässigen Methoden ergeben hatten.

J. Übersicht über die nicht dreiwertigen Verbindungen der seltenen Erden.

Wir kennen 4 Erdelemente, die außer 3-wertigen Verbindungen auch anderswertige zu bilden vermögen. Das Cerium, wie wir bereits sahen (S. 13), sowie das Praseodym und Terbium tritt auch 4-wertig, das Samarium und Europium tritt auch 2-wertig auf. Allerdings sind keine anderen 4-wertigen Verbindungen des Praseodyms und Terbiums als das Oxyd bekannt (vgl. S. 78).

Eine graphische Darstellung der Wertigkeiten der Ceride zeigt Abb. 5.

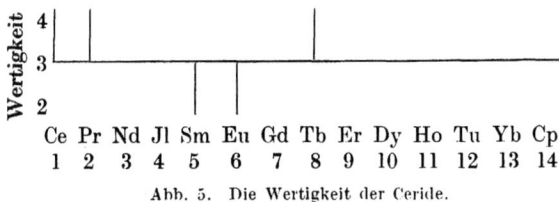

Abb. 5. Die Wertigkeit der Ceride.

III. Gesetzmäßigkeiten innerhalb der Gruppe der 14 Ceride.

Im vorigen Abschnitt haben wir die Gruppe der seltenen Erden in ihrem Verhältnis zum periodischen System betrachtet und in diesem Zusammenhange auch die Grundzüge der Quantentheorie des Atombaus besprochen. Wir haben dabei, um die Theorie leichter verständlich zu machen, der historischen Entwicklung gefolgt und die Elektronenbahntypen mit nur zwei Quantenzahlen beschrieben. Diese Beschreibung genügt durchaus, um zu einem Verständnis zu gelangen für das Wesen der Ceride, ihre Entstehung und ihr Verhältnis zu den übrigen seltenen Erden und zum gesamten System. Bei der Deutung der Einzelheiten des röntgenspektroskopischen, des magnetischen Verhaltens usw. der seltenen Erden und der damit in engem Zusammenhange stehenden Unterteilung der Ceride in Teilgruppen, ist es aber unvermeidlich, der weiteren Entwicklung der Quantentheorie des Atombaues zu folgen, welche die Elektronenbahntypen mit drei Quantenzahlen beschreibt.

A. Röntgenspektroskopie und Aufbau der Atome der seltenen Erden.

Für die Frequenz der beim Übergange eines Atoms von einem stationären Zustande in einen anderen ausgestrahlten Röntgenlinie gilt nach der Bohrschen Frequenzgleichung

$$\nu = \frac{W_1}{h} - \frac{W_2}{h},$$

wo W_1 die Energie des Atoms in dem erstgenannten Zustande, W_2 die im letztgenannten Zustande bedeutet und h die PLANCKsche Konstante ist. Wenn bei diesem Übergange ein Elektron aus einer 2-quantigen Bahn in eine 1-quantige Bahn übergeht, so gilt in erster Annäherung:

$$W_1 = \frac{Rh(Z - s_1)^2}{1^2},$$

$$W_2 = \frac{Rh(Z - s_2)^2}{2^2},$$

wo R = Rydbergkonstante, Z = Ordnungszahl des Elementes und s_1 und s_2 die sog. Abschirmungszahlen sind. Falls man s_1 und $s_2 = 1$ setzt, ergibt sich

$$\frac{\nu}{R} = (Z - 1)^2 \left(\frac{1}{1^2} - \frac{1}{2^2} \right),$$

die klassische Formel von MOSELEY, die aussagt, daß die Quadratwurzel der Frequenz der Röntgenlinie eine lineare Funktion der Ordnungszahl des Elementes ist. Die Abschirmungszahl bringt zum Ausdruck, daß nicht die gesamte Kernladung auf das betreffende Elektron wirksam ist, sondern daß die Gegenwart der anderen Elektronen im Atom einen Teil der Coulombschen Anziehung abschirmt. Von der Untersuchung der Abschirmungsverhältnisse können wir demnach Aufklärungen über die Anordnung der Elektronen im Atome erwarten. So muß sich der Beginn und Abschluß der Ausbildung der 4_4-Gruppe in einer diskontinuierlichen Beeinflussung der Abschirmungsverhältnisse zeigen.

Die abschirmende Wirkung der 4_4-Elektronen auf die Anziehung der Kernladung auf die Valenzelektronen der Ceride sahen wir bereits bei Betrachtung der Kontraktionsverhältnisse (Atomvolumina) im Gebiete Cs—W (Abb. 4), sie zeigt sich aber auch sehr ausgeprägt bei der näheren Betrachtung der Moseleyschen Kurve für Absorptionskanten, wie es BOHR und COSTER[1]) gezeigt haben. Besonders deutlich tritt die Erscheinung im O- und N-, aber auch noch nachweislich im M-Gebiet auf. In der Abb. 6 sind die Ordnungszahlen der Elemente als Abszisse, die Quadratwurzel aus den Energieniveaus $\left(\sqrt{\dfrac{\nu}{R}}\right)$ als Ordinate aufgezeichnet. Die Abbildung entstammt einer Arbeit von NISHINA[2]). Ein Blick auf die Abbildung zeigt, daß im Gebiete der Lanthanide die O_I- und $O_{II,\,III}$-Kurven praktisch parallel mit der Absciss laufen. Es ist dies damit gleichbedeutend, daß die Bindungsstärke der Elektronen in diesen Gruppen (Quantenzahl = 5_1 und 5_2) mit zunehmender Größe der Kernladung keine, bzw. nur eine minimale Vergrößerung erleidet. Dieser Tatbestand erklärt sich durch die abschirmende Wirkung der 4_4-Elektronen. Im Praseodym ist z. B. die Kernladung um eine Einheit größer als im Cerium, doch ist die Zahl der 4_4-Elektronen auch um eine Einheit größer. Nun bewegen sich die 4_4-Elektronen (Abb. 6) innerhalb des Gebietes, wo sich die 5_1- und 5_2-Elektronen (den O - und $O_{II.,\,III}$-Niveaus entsprechend) auf dem größten Teile ihrer Bahn bewegen, was zur Folge hat, daß das hinzukommende 4_4-Elektron die Wirkung der gleichzeitig um eine

---

[1]) BOHR, N. u. D. COSTER: Z. f. Phys. Bd. 12, S. 342. 1922.
[2]) NISHINA, Y.: Phil. Mag. Bd. 49, S. 521. 1925; sowie COSTER, NISHINA und WERNER: Z. f. Phys. Bd. 12, S. 342. 1923. Vgl. auch COSTER und MULDER: Z. f. Phys. Bd. 38, S. 264. 1926.

34 Gesetzmäßigkeiten innerhalb der Gruppe der 14 Ceride.

Einheit erhöhten Kernladung sehr weitgehend zu kompensieren vermag. Die Anziehung der 59. Ladung des Pr-Atoms auf die 5_1- und 5_2-Elektronen kommt nicht zur Geltung, weil ein eingeschobenes 4_4-Elektron die Wirkung praktisch abschirmt. Umgekehrt läßt sich aus diesem Verhalten folgern, daß das Elektron, welches das Pr im Überschusse über das Ce hat, in der Tat ein 4_4-Elektron ist.

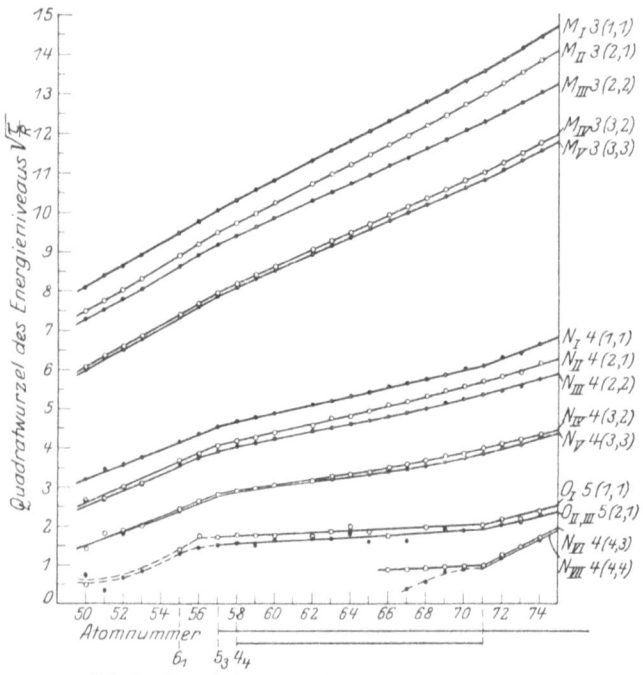

Abb. 6. Energieniveau der Atome der seltenen Erden.

Die N_I-, N_{II}-, N_{III}-, N_{IV}- und N_V-Kurven zeigen gleichfalls einen Knick beim Beginn der Ceride, doch läuft die Kurve in diesem Gebiete nicht mehr parallel mit der Abscisse, die Abschirmung der 4_4-Elektronen ist hier bereits geringer, da ein beträchtlicher Teil der Bahn der 4_1-, 4_2- und 4_3-Elektronen innerhalb der 4_4-Bahnen verläuft. In erhöhtem Maße gilt das für die M-Gruppen, die noch tiefer in Atom liegen, und wo die abschirmende Wirkung der 4_4-Elektronen sich nur noch ganz schwach bemerkbar macht. Die 4_4-

Elektronen, mit deren Auftreten wir den anomalen Lauf der M_{I-IV}, der N_{I-VII} sowie der O_{I-III}-Kurven in Zusammenhang gebracht haben, entsprechen selber den N_{VI}- und N_{VII}-Niveaus. Die N_{VI}- und N_{VII}-Energieniveaukurven sind nur von Dy bzw. Ho an bekannt, diese Kurven erfahren einen scharfen Knick nach dem Cp, und zeigen damit an, daß die Arbeit, die erforderlich ist, um ein 4_4-Elektron aus dem Atom zu entfernen, beim Hf eine sprunghafte Zunahme erleidet. Vor diesem Element ist diese Arbeit von ähnlicher Größe wie etwa die, welche die Entfernung des Valenzelektrons 6_1 erfordert. Die 5_1-, 5_2-Elektronen sind dagegen stärker gebunden, wie es die O_I- und $O_{II-, III}$-Kurven zeigen.

Die Leichtigkeit, mit welcher das 4-wertige Ceriumion dargestellt werden kann, ist gleichfalls der geringen Bindungsstärke des 4_4-Elektrons zuzuschreiben. Das einzige im Ceriumatom vorhandene 4_4-Elektron kann eben nach der Entfernung der drei eigentlichen Valenzelektronen noch leicht abgespalten werden. Ja, die Entfernung eines 4_4-Elektrons aus dem Praseodymatom, in welchem zwei solche vorhanden sind, erfolgt auch noch verhältnismäßig leicht. Auch ein höheres Terbiumoxyd ist bekannt und ein eingehenderes Suchen nach höheren Valenzstufen wird womöglich auch bei anderen Ceriden zur Entdeckung höherwertiger Verbindungen führen. Die Kenntnis der Röntgenterme erlaubte auch, das Kraftfeld in Atome zu berechnen, und die Berechnung[1]) ergab, daß dieses zum ersten Male beim Cerium zur Bindung eines 4_4-Elektrons im Normalzustand des Atoms genügt. (Über die Wellenlänge der Röntgenlinien vgl. S. 84.)

B. Die Charakterisierung der Elektronenbahntypen durch drei Quantenzahlen.
(Weitere Unterteilung der Elektronengruppen.)

Die auf S. 36 besprochene Unterteilung der Elektronengruppen ergibt bei jeder Hauptquantenzahl ebensoviele Untergruppen, als die jeweilige Hauptquantenzahl beträgt (also 1 bei $n = 1$; 2 bei $n = 2$ usw.). Die Anzahl der experimentell bestimmten Röntgenterme gleicher Hauptquantenzahl ist größer als die der obenerwähnten Untergruppen, man findet 1 bei $n = 1$, 3 bei

---

[1]) SUGUIRA, Y. u. H. C. UREY: Kopenhag. Akad. Ber. Bd. 7, H. 13, S. 1. 1926.

Tabelle

Element	Anzahl der n_{k_1, k_2}					
	1_{11}	2_{11}	$2_{2,(1+2)}$	3_{11}	$3_{2,(1+2)}$	$3_{3,(2+3)}$
Caesium	2	2	2 + 4	2	2 + 4	4 + 6
Barium	2	2	2 + 4	2	2 + 4	4 + 6
Lanthan	2	2	2 + 4	2	2 + 4	4 + 6
Cerium	2	2	2 + 4	2	2 + 4	4 + 6
Praseodym	2	2	2 + 4	2	2 + 4	4 + 6
Neodym	2	2	2 + 4	2	2 + 4	4 + 6
Illinium	2	2	2 + 4	2	2 + 4	4 + 6
Samarium	2	2	2 + 4	2	2 + 4	4 + 6
Europium	2	2	2 + 4	2	2 + 4	4 + 6
Gadolinium	2	2	2 + 4	2	2 + 4	4 + 6
Terbium	2	2	2 + 4	2	2 + 4	4 + 6
Dysprosium	2	2	2 + 4	2	2 + 4	4 + 6
Holmium	2	2	2 + 4	2	2 + 4	4 + 6
Erbium	2	2	2 + 4	2	2 + 4	4 + 6
Thulium	2	2	2 + 4	2	2 + 4	4 + 6
Ytterbium	2	2	2 + 4	2	2 + 4	4 + 6
Cassiopeium	2	2	2 + 4	2	2 + 4	4 + 6
Hafnium	2	2	2 + 4	2	2 + 4	4 + 6
	K	L_I	L_{II+III}	M_I	$M_{II} + M_{III}$	$M_{IV} + M_V$

$n = 2$, 5 bei $n = 3$. Dies veranlaßte E. STONER[1]), eine formale weitere Unterteilung der Untergruppen zu unternehmen und jedem Röntgenterm eine besondere Elektronengruppe zuzuordnen. In der neuen Anordnung wird jede Untergruppe durch 3 Quantenzahlen (der Hauptquantenzahl n, der Nebenquantenzahl k_1 und der inneren Quantenzahl k_2) charakterisiert. Die maximale Besetzungszahl der Untergruppe beträgt ferner $2 k_2$. Für die Elemente der uns hauptsächlich interessierenden 6. Periode ist die Unterteilung nach STONER aus der Tabelle 14 ersichtlich, wo die großen Zahlen Hauptquantenzahlen, die kleinen Nebenquantenzahlen und die in der Klammer befindlichen innere Quantenzahlen bedeuten. Daß in der Klammer zwei Zahlen stehen, z. B. im Falle von $2_2 (1 + 2)$ die Zahlen $1 + 2$, soll zum Ausdruck bringen, daß den inneren Quantenzahlen 1 und 2 insgesamt $2 + 4$ Elektronen bei

---

[1]) STONER, E.: Phil. Mag. Bd. 49, S. 719. 1924. Zur selben Gruppeneinteilung führen chemische Überlegungen; vgl. MAIN SMITH: Chemistry and atomic structure, London 1924; vgl. ferner SOMMERFELD, A.: Phys. Z. Bd. 26, S. 71. 1925; PAULI, W.: Z. f. Phys. Bd. 31, S. 765. 1925.

Charakterisierung der Elektronenbahntypen durch drei Quantenzahlen.

14.

Elektronen

4_{11}	$4_{2,(1+2)}$	$4_{3,(2+3)}$	$4_{4,(3+4)}$	5_{11}	$5_{2,(1+2)}$	$5_{3,(2+3)}$	6_{11}
2	2 + 4	4 + 6	—	2	2 + 4	—	1
2	2 + 4	4 + 6	—	2	2 + 4	—	2
2	2 + 4	4 + 6	—	2	2 + 4	1	2
2	2 + 4	4 + 6	1	2	2 + 4	1	2
2	2 + 4	4 + 6	2	2	2 + 4	1	2
2	2 + 4	4 + 6	3	2	2 + 4	1	2
2	2 + 4	4 + 6	4	2	2 + 4	1	2
2	2 + 4	4 + 6	5	2	2 + 4	1	2
2	2 + 4	4 + 6	6	2	2 + 4	1	2
2	2 + 4	4 + 6	6 + 1	2	2 + 4	1	2
2	2 + 4	4 + 6	6 + 2	2	2 + 4	1	2
2	2 + 4	4 + 6	6 + 3	2	2 + 4	1	2
2	2 + 4	4 + 6	6 + 4	2	2 + 4	1	2
2	2 + 4	4 + 6	6 + 5	2	2 + 4	1	2
2	2 + 4	4 + 6	6 + 6	2	2 + 4	1	2
2	2 + 4	4 + 6	6 + 7	2	2 + 4	1	2
2	2 + 4	4 + 6	6 + 8	2	2 + 4	1	2
2	2 + 4	4 + 6	6 + 8	2	2 + 4	2	2
N_I	$N_{II}+N_{III}$	$N_{IV}+N_V$	$N_{VI}+N_{VII}$	O_I	O_{II+III}	$O_{IV}+O_V$	P_I

gegebenen k und n zukommen. Die 4_4- (3 + 4) Elektronen entsprechen den N_{VI}- und N_{VII}-Untergruppen. Ordnet man rein formal dem N_{VI} die 6 ersten, dem N_{VIII} die 8 nächsten Elektronen zu, so erhält man dadurch 2 Untergruppen der Ceride, die eine sich vom Ce bis zum Europium, die andere vom Gadolinium bis zum Cassiopeium erstreckend. Eine solche Unterteilung ist in guter Übereinstimmung mit den Erfahrungen, die wir bei der Untersuchung der Kontraktionsverhältnisse gemacht haben und bis zu einem gewissen Grade mit dem im nächsten Kapitel zu besprechenden magnetischen Verhalten der Ceride. Ob sie auch mit den röntgenspektroskopischen Erfahrungen im Einklange steht, werden erst weitere Versuche zu ergeben haben. Beginnt nämlich die N_{VII}-
erst beim Gd beginnen, dagegen die N_{VI}-Kurve bereits beim Ce. Auch die wohlbekannte Unterscheidung zwischen Cererden und Yttererden steht in einem gewissen Zusammenhang mit der obigen Unterteilung, doch ist für die Entstehung dieser Unterscheidung das Hineinfallen der chemischen Eigenschaften des Yttriums

in die der Reihe der Ceride und die verhältnismäßig große Häufigkeit des Yttriums ausschlaggebend gewesen. Das Yttrium ist viel häufiger als irgendein Element der Lanthangruppe (vgl. S. 118). Es führte dies dazu, das Yttrium als eine praktische Scheidewand zwischen den mehr und minder basischen seltenen Erden zu wählen — eine Scheidewand von der ja die geochemischen Vorgänge gleichfalls einen gewissen Gebrauch gemacht haben — und so entstand die Unterteilung in Ceriterden und Yttererden, wobei die letztere Gruppe im wesentlichen Yttrium und die weniger basischen seltenen Erdelemente umfaßt, also die Holmide und das Scandium. Während man heute auf Grund atomtheoretischer Erwägungen womöglich in der Lage wäre, eine solche eindeutige Definition der Yttererden vorzuschlagen, ergibt sich bei der Betrachtung der chemischen Eigenschaften der seltenen Erden keine scharfe Grenze zwischen den Ceriterden und Yttererden. Auf den Mangel einer scharfen Grenze zwischen den 2 Gruppen wurde von den sich mit den seltenen Erden beschäftigenden Chemikern oft hingewiesen, so mit besonderem Nachdrucke bereits von MARIGNAC.

C. Farbe und Bandenspektrum.

Die eigenartige Abstufung, welche die Färbung und der Paramagnetismus der Ionen zeigen, gehören zu den charakteristischen Eigenschaften der Ceride. Von den 3-wertigen Ionen der 14 Ceride sind nur 4 (Ce, Gd, Yb und Cp) gänzlich und nur 2 (Eu, Tb) nahezu farblos; alle die übrigen sind stark gefärbt, die des Pr sind grün, die des Nd rotviolett, die des Sm gelb (die des Elements 61 vermutlich grünlichgelb gefärbt). Die des Dy und Ho sind gelb, die des Er rosa, die des Tu grün.

Ein Blick auf die Abb. 7 lehrt, daß diejenigen Ionen, deren Paramagnetismus in der Nähe eines der zwei Maxima liegt, welche die paramagnetische Kurve aufweist, gefärbt sind, daß also zwischen diesen zwei Größen ein Zusam-

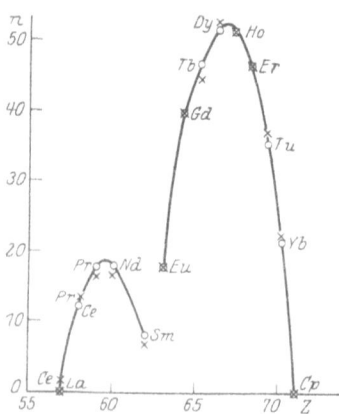

Abb. 7. Paramagnetismus der Ionen der seltenen Erden.

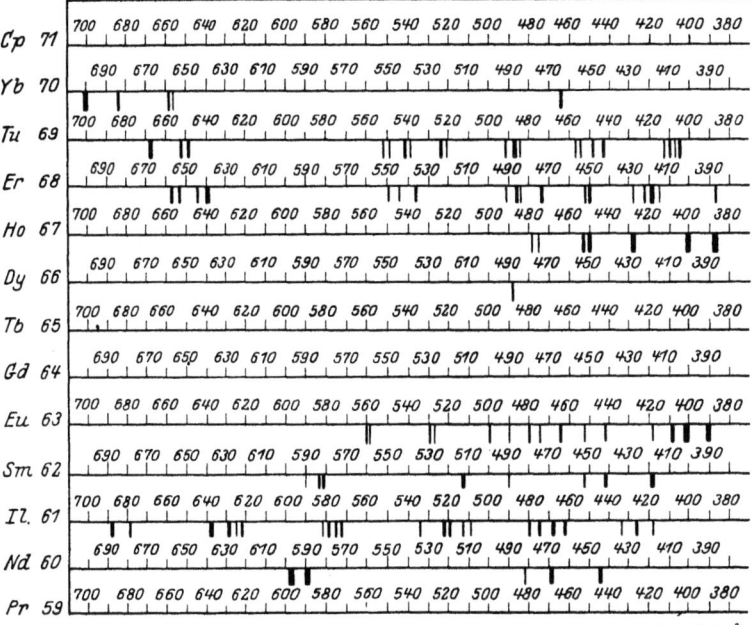

Abb. 8. Das Bandenspektrum der seltenen Erden. (Die Wellenlängen sind in 0,1 Å angegeben.)

menhang besteht[1]). Eine Zusammenstellung der Absorptionsbanden enthält ferner Abb. 8 [2]).

Betrachtet man statt der Farbe die Spektralbanden in den Lösungen der Ceride, so zeichnen diese sich durch eine besondere Schärfe aus und ihre Lage erweist sich als vom Lösungsmittel, in welchem sie gelöst sind, ziemlich unabhängig (vgl. S. 87), obzwar sie bei der

---

[1]) Den Zusammenhang zwischen Färbung, Paramagnetismus und „unvollständigen Zwischenschalen" (unsymmetrischen Elektronengruppen, die eine Vorzugsrichtung besitzen, die im Magnetfeld bestrebt ist sich einzustellen), hat zuerst R. LADENBURG (Z. Elektrochem. Bd. 26, S. 270. 1920) hervorgehoben. Daß im allgemeinen die paramagnetischen Salze gefärbt, die diamagnetischen ungefärbt sind, ist bereits seit sehr langer Zeit bekannt, vgl. St. MEYER: Wien. Ber. Bd. 117, S. 3. 1908; Naturwissensch. Bd. 8, S. 284. 1920; WEDEKIND, E.: Magnetochemie. Berlin 1911. Ber. d. d. chem. Ges. Bd. 54, S. 253. 1921.

[2]) Nach YNTEMA, L. F.: Journ. of the Americ. chem. soc. Bd. 48, S. 1598. 1926. Die Figur ist der Abh. von S. A. HARRIS und B. S. HOPKINS ebenda, S. 1593 entnommen.

Verdünnung manchmal einen unregelmäßigen Wechsel zeigen. Verdünnt man die Lösung so stark, daß die Farbe verschwindet, so können die stärksten Absorptionsbanden immer noch beobachtet werden, während man z. B. in einer infolge Verdünnung farblos gewordenen Kaliumpermanganatlösung keine Absorptionsbande mehr beobachtet. Diese Persistenz der Ceridbanden ist der beste Beweis ihrer Schärfe. Man kann versuchen, die geschilderten Eigenschaften der Spektralbanden der Ceride so zu erklären, daß für die Absorption des Lichtes die 4_4-Elektronen (also solche der N-Gruppe) verantwortlich seien; diese schwach gebundenen Elektronen würden schon unter der Einwirkung von sichtbarem Licht aus ihrem Normalzustande entfernt und bewirken dabei die beobachtete Lichtabsorption. Die Wirkung des Lösungsmittels u. dgl. auf die 4_4-Elektronen — und somit auf die Lage und Schärfe der Banden — wird durch die Anwesenheit der Elektronen der O- und P-Gruppe in ziemlich weitem Maße abgeschirmt, wodurch sich die verhältnismäßig geringe Beeinflußbarkeit der Lage der Banden vom Lösungsmittel, von der Anlagerung von Ammoniak[1]) u. dgl. sowie deren relativ große Schärfe erklärt.

Betrachtet man das Absorptionsspektrum einer festen Verbindung einer gefärbten seltenen Erde, so hat man den Eindruck eines Linienspektrums, in welchem die Linien durch einen äußeren Einfluß verbreitert sind. Als solchen nimmt man elektrische Felder an, die einen Starkeffekt hervorrufen. Im Ruhezustand ist das Feld in Krystallen am Ort des Teilchens Null. Sobald sie aber über die Ruhelage hinausschwingen, kommen sie in Gebiete mit elektrischen Feldern, und zwar in desto stärkere Felder, je höher die Amplitude, d. h. die Temperatur ist[2]). Die Untersuchung von Absorptionsbanden von Krystallen von Xenotim (bestehend aus Phosphaten von seltenen Erdelementen), Tysonit (Fluoride der seltenen Erdelemente) usw. bei tiefen Temperaturen ergibt, daß beim Siedepunkt des Heliums (4,2° abs) manche Banden ganz verschwunden sind[3]). Auch die Phosphoreszenzspektra (vgl. S. 86) zeichnen sich durch eine besondere Schärfe aus.

---

[1]) EPHRAIM und BLOCH, Berichte der deutsch. chem. Gesell. Bd. 59, S. 2692. 1926.
[2]) HERZFELD, K. F.: Phys. Z. Bd. 22, S. 544. 1921.
[3]) BECQUEREL, J., H. KAMERLINGH ONNES u. W. J. DE HAAS: Koninkl. Akad. van Wetensch. Amsterdam Bd. 34, S. 1179. 1925.

D. Paramagnetismus.

Keine geringere Mannigfaltigkeit als die Färbung zeigt der Paramagnetismus der Ionen der Ceride. Während das Lanthanion noch keinen Paramagnetismus aufweist, ist das Ceriion bereits nicht unbeträchtlich paramagnetisch. Die von St. Meyer[1]) und B. Cabrera[2]) herrührende magnetische Kurve (vgl. Abb. 7, S. 38) zeigt zwei Maxima, beim Pr und beim Dy, was den Gedanken nahelegt, die Kurve in zwei Teilkurven zu zerlegen, von denen die erste etwa die Elemente vom Ce bis Eu, die zweite die zwischen Gd und Cp umfaßt.

Die magnetische Susceptibilität der Octohydratsulfate der seltenen Erden hat ferner vor ganz kurzem einerseits Decker[3]), andererseits Zernike und James[4]) gemessen. Der erstere untersuchte den Magnetismus von Lösungen und verwendete Präparate von Auer von Welsbach, sowie Nitrate der vier ersten Lanthanide die von Prandtl herrührten, die letzteren untersuchten Präparate von James in festem Zustande. Die von ihnen erhaltenen Werte sind in Tab. 15 zusammengestellt. Die Tabelle enthält

Tabelle 15.

	$\varkappa \cdot 10^{-6}$		$\varkappa \cdot \dfrac{d\tau}{d\varkappa}$
	Decker 19°	Zernike und James 20°	
Ce	1 891	2 377	290
Pr	4 970	5 109	358
Nd	5 080	5 270	348
Sm	1 130	9 97	1700
Eu	6 700	—	—
Gd	26 400	25 860	305
Tb	40 700	37 200	327
Dy	50 400	—	—
Ho	47 200	45 470	320
Er	38 900	39 250	252
Yb	8 850	8 311	292

---

[1]) Meyer, St.: Phys. Z. Bd. 26, S. 51 u. 479. 1925.
[2]) Cabrera, B.: J. Phys. Bd. 6, S. 252. 1925. Messungen über die Susceptibilität der Ionen der seltenen Erden liegen ferner von Wedekind vor (Ber. d. deutsch. chem. Ges. Bd. 54, S. 253. 1921).
[3]) Decker: Ann. d. Phys. Bd. 79, S. 324. 1926.
[4]) Zernike u. James: Journ. of the Americ. chem. soc. Bd. 48, S. 2827. 1926.

auch den Temperaturkoeffizienten der Susceptibilität nach ZERNIKE und JAMES[1]).

Die Magnetisierungszahlen der Ionen einiger Ceride weisen höhere Werte auf als die aller anderen Elemente, so ist die Magnetisierungszahl der Ionen des Dy und Ho etwa 1,8mal größer als die der am stärksten magnetischen Ionen der Eisengruppe, die des Mn^{++} oder Fe^{+++}. Eine Übersicht der paramagnetischen Ionen des periodischen Systems lehrt, daß diese nur in den anomalen Gebieten des Systems auftreten, wie in der Eisen-, Palladium-, Platin- oder Ceridgruppe. Dies deutet die Atomtheorie, wie wir sahen, in der Weise, daß hier das hinzukommende neue Elektron in einer inneren Gruppe angebracht wird; das Auftreten von Paramagnetismus wäre mit dem letzteren Vorgange in der Weise verbunden zu denken, daß der Grad der Symmetrie in dieser Gruppe durch die neu hinzutretenden Bestandteile gestört wird. Es sei noch bemerkt, daß nach CABRERA[2]) die magnetischen Momente der Ceride genau ein ganzes Vielfaches der empirischen Einheit des magnetischen Moments, des Weissschen Magnetons betragen[3]). Bei der Berechnung der Magnetonenzahlen wird dabei für den Temperaturkoeffizienten der Susceptibilität für alle Ceride der gleiche Wert $\left(\frac{1}{\alpha} = \frac{1}{293}\right)$ vorausgesetzt. Infolge der Nichterfüllung dieser Voraussetzung äußern ZERNIKE und JAMES[4]) Bedenken gegen die Richtigkeit der berechneten Magnetonenzahlen.

1. Berechnung der Magnetisierungszahlen aus optischen Daten.

Rechnet man, wie es HUND[5]) tat, auf Grund von in optischen Beobachtungen wurzelnden Überlegungen über die Quantenzahlen

---

[1]) Über den letzteren liegen auch Messungen von WILLIAMS (Phys. Rev. Bd. 12, S. 158. 1918; Bd. 14, S. 348. 1919) vor, die mit den obigen Werten in guter Übereinstimmung stehen.

[2]) CABRERA, B.: l. c.

[3]) Eine Ausnahme bildet das Sm, die Abweichung von der Ganzzahligkeit sucht hier CABRERA durch den Diamagnetismus des Atoms zu erklären, welcher die Magnetonzahl zu klein erscheinen läßt. — Über die Gültigkeit des Curieschen Gesetzes für die Ceride vgl. E. WILLIAMS: Phys. Rev. (2) Bd. 14, S. 348. 1919; über die Curiesche Konstante des Gadoliniumsulfats WOLTJER und KAMERLING ONNES: Amer. Proc. Nat. Acad. Bd. 26, S. 624. 1923.

[4]) ZERNIKE und JAMES: l. c.

[5]) F. HUND, Zeitschr. f. Phys. Bd. 33, S. 853. 1925.

der Elektronenbahnen in den Ionen der seltenen Erden die Magnetisierungszahlen der letzteren aus, so ergeben sich Werte, welche in Übereinstimmung mit den empirisch gefundenen sind. Nur Europium macht eine Ausnahme, dessen Wert nicht Null ist, wie es nicht nur nach der Berechnung, sondern auch nach einer naheliegenden rein empirischen Extrapolation sein sollte. In der Tabelle 16 sind nach HUND in der 1. Kolonne die Ionen und deren gesamte Elektronenzahl, in der 2. die Zahl der 4_4-Elektronen, in der 3. die Grundterme, in der 4. die von ihm berechneten Weisschen Magnetonenzahlen und in der 5. und 6. die von CABRERA bzw. ST. MEYER empirisch gefundenen Magnetonenzahlen angegeben.

Tabelle 16.

Element	Zahl der 4_4-Elektronen	Grundterm	Berechnete Zahl WEISSscher Magnetonen	Empirische Zahl WEISSscher Magnetonen	
				bei CABRERA	bei ST. MEYER
54 La^{+++}	—	^1S	0,0	—	diamagn. 0,8 (Ce^{4+})
55 Ce^{+++}	1	^2F	12,5	11,4	13,8 (Pr^{4+})
56 Pr^{+++}	2	^3H	17,8	17,8	17,3
57 Nd^{+++}	3	^4J	17,8	18,0	17,5
58 —	4	^5J	13,4	—	—
59 Sm^{+++}	5	^6H	4,2	8,0	7,0
60 Eu^{+++}	6	^7F	0,0	17,9	15,5[1]
61 Gd^{+++}	7	^8S	39,4	40,0	40,2
62 Tb^{+++}	8	^7F	48,3	47,1	44,8
63 Ds^{+++}	9	^6H	52,8	52,2	53,0
64 Ho^{+++}	10	^5J	52,8	52,0	51,9
65 Er^{+++}	11	^4J	47,7	47,0	46,7
66 Tu^{+++}	12	^3H	37,6	35,6	37,5
67 Yb^{+++}	13	^2F	22,5	21,9	23[1]
68 Cp^{+++}	14	^1S	0,0	diamagn.	diamagn.

Die Größe der Magnetonenzahlen der Ceride nimmt deshalb HUND als eine Bestätigung der von BOHR vermuteten (im Sinne von STONER auf die Untergruppen zu verteilenden) Besetzungszahlen der Quantenbahnen an.

---

[1] Nach den neuesten Angaben ST. MEYERS: Phys. Z. Bd. 26, S. 478. 1925.

2. Der anomale Paramagnetismus des Europiums.

Wie wir sahen, besteht die magnetische Kurve der Ceride aus zwei Teilkurven. Man kann dies so zu deuten versuchen, daß vom Ce ausgehend erst die 6 Elektronen der N_{VI}-Untergruppe ausgefüllt werden und von Gd an die 8 Elektronen der N_{VII}-Untergruppe. Der Übergang vom Sm zum Eu sollte ähnlich wie der vom Yb zu Cp zu einem Gruppenabschluß führen, und die Tatsache, daß bei diesen beiden Übergängen dieselbe Kontraktionsanomalie stattfindet (vgl. S. 25), kann als Argument zugunsten dieser Auffassung herangezogen werden. In diesem Falle würde man aber erwarten, daß das Eu^{+++} unmagnetisch sei, während in Wirklichkeit der Magnetismus dieses Ions den des Samariums sogar etwas übersteigt. Um diese Anomalie zu erklären, erwägt HUND[1]) die Möglichkeit des Auftretens eines partiell verkehrten Terms. Suchen wir eine Erklärung auf Grund des formalen Schemas[2]) (Tabelle 14), so liegt es nahe zu vermuten, daß beim Eu die N_{VI}-Gruppe zwar abgeschlossen ist, dafür aber gleichzeitig die N_{VII}-Gruppe angeschnitten wird, etwa durch den Übergang eines Elektrons aus dem O-Niveau nach N_{VII}, so daß für das Eu^{+++} gelten sollte

$$\begin{array}{ccc} N_{VI} & N_{VII} & O_{I-III} \\ 6 & 1 & 7 \end{array}$$

Eine andere mögliche Anordnung des Eu wäre

$$\begin{array}{ccc} N_{VI} & N_{VII} & O_{I-III} \\ 5 & 1 & 8 \end{array}$$

Bei der früher genannten Anordnung wird beim Übergang vom Sm^{+++} zum Eu^{+++} eine Störung des Permanenzprinzips beim Eu^{+++} angenommen. Bei sämtlichen Ceriden wäre $O = 8$, nur einzig beim Eu wäre $O = 7$. Beim letztgenannten Schema ist dagegen eine solche Annahme nicht notwendig. In beiden Fällen wäre ein so aufgebautes Eu^{+++} paramagnetisch.

Um diese Frage weiter verfolgen zu können, kann man an die KOSSELschen Überlegungen anknüpfen, die im sog. magnetischen Verschiebungssatze zum Ausdruck kommen. Es stimmen, wie es der Verschiebungssatz fordert, die Magnetisierungszahl von

---

[1]) HUND, F.: l. c.
[2]) SWINNE, R.: Z. f. Elektrochem. Bd. 31, S. 417. 1925 und Z. f. techn. Phys. Bd. 7, S. 208. 1926; CABRERA, B.: l. c.

Mn^{++} und Fe^{+++}, die von Cr^{++} und Mn^{+++} oder die von Ce^{+++} und Pr^{++++} miteinander überein. Dasselbe sollten wir vom Paramagnetismus von Sm^{++} und Eu^{+++}, sowie von Eu^{++} und Gd^{+++} erwarten. Falls wir, nach der einen der oben genannten Möglichkeiten, den Permanenzsatz fallen lassen, dürfte aber auch die Anwendbarkeit des Verschiebungssatzes in diesem Falle fraglich sein; selbst wenn man sich zu diesem Schritte entschließen sollte, wäre es trotzdem zu erwarten, daß magnetische Messungen am Sm^{++} und Eu^{++}[1]) zur Klärung der besprochenen Frage beitragen werden.

Wir wollen diesen Ausführungen noch eine Bemerkung darüber zufügen, weshalb wir den Paramagnetismus der Ionen und nicht der Atome der Ceride besprechen. Da der Paramagnetismus sein Vorhandensein der Anwesenheit einer unabgeschlossenen Elektronengruppe in den betreffenden Atomen verdankt und da ja in den neutralen Atomen der Ceride drei solche Gruppen vorhanden sind, nämlich im N-, O- und P-Niveau, so müssen die paramagnetischen Eigenschaften der neutralen Atome der Ceride — die übrigens nur zum Teil bekannt sind — ein recht unübersichtliches Verhalten zeigen, im Gegensatz dem der Ionen dieser Elemente, in welchen ja nur eine unabgeschlossene Gruppe vorhanden ist.

3. Über die Existenz von elektronenisomeren Ionen.

Wir haben den Paramagnetismus des Eu^{+++} unter anderem so zu erklären versucht, daß beim Übergang vom Sm zum Eu simultan zwei Änderungen im Elektronenbau vor sich gehen, einmal die Zunahme der N_{VI}-Elektronen von 5 auf 6, dann der Übergang eines Elektrons aus dem O-Niveau in die N_{VII}-Gruppe. Kann man sich nicht ein Eu^{+++} denken, wo der letztere Übergang nicht stattgefunden hat, das sich also vom Sm^{+++} nur in der Zahl der N_{VI}-Elektronen unterscheidet? Ein solches fiktives Eu^{+++} wäre ein Elektronenisomeres des in der Regel angetroffenen Eu^{+++}; es wäre nicht paramagnetisch, seine chemischen Eigenschaften wären womöglich, entsprechend der Verschiedenheit seines Energiegehaltes, von denen des bekannten Eu^{+++} etwas verschieden. Der Unterschied in den zwei Elektronenisomeren würde sich ferner sehr

---

[1]) Das Eu^{++} ist wie das Gadoliniumion farblos, dagegen ist das Sm^{++} stark, das Eu^{+++} nur schwach gefärbt.

deutlich in deren Röntgenspektra zeigen. Um Schwankungen in den experimentell ermittelten Werten des Paramagnetismus[1]) zu deuten, wurde diese Möglichkeit zuerst erwogen, gleichzeitig werden auch allgemeine, an die Unterteilungen der Elektronengruppen anknüpfende Betrachtungen herangezogen[2]).

Die vorliegenden magnetischen Messungen können aber nicht als ein zwingender Beweis herangezogen werden, da sie auch anders als durch Annahme einer Elektronenisomerie gedeutet werden können (Vorliegen von Verunreinigungen, Einfluß der Verbindungsform usw.); röntgenspektrographische Beweise fehlen vorläufig völlig. Die Möglichkeit der Existenz von elektronenisomeren Atomen in der Gruppe der Ceride kann zwar nicht geleugnet werden, doch fehlen entscheidende Beweise dafür, daß in diesem oder in einem anderen Falle gleichwertige Ionen eines festen Körpers in elektronenisomerer Form vorkommen können. Die elektronenisomere Form des Helium- oder des Neonatoms und unter ähnlichen Bedingungen auftretende Elektronenisomere anderer Atome haben ja nur eine ganz kurze Lebensdauer und verschwinden sofort, wie sie Gelegenheit haben, ihre überschüssige Energie durch Zusammenstoß oder anderswie abzugeben.

---

[1]) MEYER, ST.: Phys. Z. Bd. 26, S. 51. 1925; CABRERA, B.: Cpt. rend. hebdom. des séances de l'acad. des sciences Bd. 180, S. 668. 1915.
[2]) SWINNE, R.: Z. f. Elektrochem. Bd. 31, S. 417. 1925; Wiss. Veröff. Siemens-Konzern Bd. 5, Heft 1, S. 80. 1926.

Zweiter Teil.
Die chemischen Eigenschaften und das Vorkommen der seltenen Erden.

I. Die Atomgewichte der seltenen Erdelemente.

In der folgenden Tabelle sind die Ordnungszahlen und die von der Deutschen Atomgewichts-Kommission (1926) angegebenen Atomgewicht aufgezählt.

23	Scandium	45,10*	64 Gadolinium	157,3
39	Yttrium	89,0 *	65 Terbium	159,2
57	Lanthan	138,9 *	66 Dysprosium	162,5*
58	Cerium	140,2	67 Holmium	163,5
59	Praseodym	140,9 *	68 Erbium	167,7
60	Neodym	144,3 *	69 Thulium	169,4
61	Illinium	—	70 Ytterbium	173,5
62	Samarium	150,4 *	71 Cassiopeium	175,0
63	Europium	152,0		

Die mit * bezeichneten Werte sind nach einer modernen Methode, nämlich durch Analyse des wasserfreien Chlorids erhalten worden, die übrigen Werte auf Grund weniger zuverlässiger Methoden, wie etwa der Analyse des wasserfreien Sulfats, oder des Octohydrosulfats usw. Auch die Reinheit des zu den älteren Bestimmungen verwendeten Materials war vermutlich nicht ausnahmslos einwandfrei, doch kommen als Verunreinigungen in erster Linie stets die Nachbarerden in Betracht, und da der Unterschied im Atomgewichte von zwei benachbarten Erdelementen — wenn wir vom Y und Sc absehen — im Durchschnitt nur 2,6 Einheiten beträgt, so beeinflussen kleine Mengen von solchen Verunreinigungen das Atomgewicht nur wenig. ASTONS massenspektroskopische Untersuchung ergab, daß Sc, Y, La und Pr Reinelemente sind, während Cerium aus einem Gemisch von Reinelementen des Atomgewichts 140 und 142, Neodym aus den vom Atomgewichte 142, 144, 145 (?), Erbium aus solchen von 164, 165 (?), 166 (?), 167 (?) besteht.

Das Atomgewicht des Actiniums ist nicht bekannt, es dürfte vermutlich 226 betragen.

A. Die Metalle.

Nur einige der seltenen Erdelemente sind in metallischer Form dargestellt worden, nämlich die vier ersten Lanthanide und das Yttrium. Die Darstellung erfolgte durch Elektrolyse der geschmolzenen Chloride[1]). Wie so häufig bei der Schmelzflußelektrolyse, begünstigen auch hier die Zusätze von indifferenten Verbindungen, wie z. B. von NaCl, KCl, $BaCl_2$ die Stromausbeute dadurch, daß sie durch Erniedrigung des Schmelzpunktes und auf andere Weise die Geschwindigkeit der Reaktion zwischen dem abgeschiedenen Metall und der Schmelze herabsetzen.

Cerium ist ähnlich leicht biegsam wie Blei, ist hämmerbar, an trockener Luft wird es leicht angegriffen, warmes Wasser greift es schnell an; Ceriumband brennt in einer Bunsenflamme mit einem noch intensiveren Licht als Magnesiumband. Erhitztes Cerium reduziert Kohlenoxyde zu Kohle, sowie auch die Oxyde des Eisens, Mangans usw. Die Lanthanmetalle sind infolge ihrer hohen Verbrennungswärme gute Reduktionsmittel. Die Farbe des Ceriums und Lanthans ähnelt der des Eisens, die des Praseodyms ist silberweiß glänzend, sie überziehen sich an der Luft langsam mit einer Oxydhaut. Untersucht sind die Legierungen[2]) von Cerium mit Fe, Mg, Zn, Al, Cu, Sn, Hg, B und Si, Bi.

Das sog. „Mischmetall" besteht aus einem Gemisch von verschiedenen Metallen der seltenen Erdelemente, in der Regel, wie z. B. das technisch dargestellte Mischmetall, aus einem Gemische

---

[1]) Solche Elektrolysen sind in erster Linie von MUTHMANN und seinen Mitarbeitern ausgeführt worden, vgl. Abeggs Handbuch III. 1. Von neueren Untersuchungen beschäftigen sich mit der Darstellung von Ce die von KREMERS und BENKER: Trans. Amer. Elektr. Soc. Bd. 47, S. 8. 1923 und KREMERS: Trans. Amer. Electr. Soc. Bd. 47, S. 7. 1923; mit der von Pr die von WIERDA und KREMERS: Trans. Amer. Elektr. Soc. Bd. 48, S. 10. 1924; mit der von Nd die von THOMPSON, HOLTON und KREMERS: Trans. Amer. Electr. Soc. Bd. 49, S. 10. 1925; und mit der des Y die von THOMPSON, HOLTON und KREMERS: Trans. Amer. Electr. Soc. Bd. 49, S. 1. 1925.

[2]) VOGEL: Z. anorg. Chem. Bd. 72, S. 319. 1911; Bd. 75, S. 41. 1912; Bd. 91, S. 277. 1915; Chem. Zentralbl. 1914, S. 1810; HANAMAN: Inter. Z. Metallogr. Bd. 7, S. 174. 1916; CLOTOFSKI: Z. anorg. Chem. Bd. 114, S. 1. 1920; GUILLET: Rev. de Métallurg. Bd. 19, S. 352. 1922; BILTZ, W. u. PIEPER: Z. anorg. Chem. Bd. 134, S. 13. 1924.

der Metalle der Ceriterden, doch ist Mischmetall auch aus den Yttererden[1]) hergestellt worden. Das Mischmetall, auch das ceriumfreie, ist pyrophor, während Lanthan, Praseodym oder Neodym allein nicht pyrophor sind[2]). Die Legierungen des Ceriums oder ceriumhaltigen Mischmetalls mit Eisen oder anderen härtenden Zusätzen werden zur Herstellung der „Cerfeuerzeuge" benutzt[3]). Zahlenmäßige Angaben finden sich über das spezifische Gewicht, den Schmelzpunkt, die spez. Wärme, die Verbrennungswärme und die magnetische Susceptibilität der erwähnten Metalle.

Tabelle 16.

	La	Ce	Pr	Nd	Sm	Y
$d_{15°}$	6,15	6,90*)	6,60	7,05	7,7	4,57
t_s	810°	640°	940°	840°	1350°	1490°
$Cp_{20°}$ (Atomwärme)	26	24,8	27	27	—	—
Verbrennungswärme per g .	1602	1603	1407	1506	—	—
μ	—	$12,10^{-6}$	—	—	—	—
$W_{20°} \cdot 10^{-6}$	78	59	88	79	—	—

*) Für die andere Modifikation des Ceriums (hexagonal, dichteste Kugelpackung) beträgt $d_{15°} = 6,73$.

Bekannt ist ferner die Entflammungstemperatur in Luft des Y, Ce, Pr und Nd, die 470°, 165°, 290° bzw. 270° beträgt[4]). Es sind zwei allotrope Modifikationen des Ceriums bekannt[5]), die eine α) hat eine hexagonale Struktur, mit dichtester Kugelpackung, die andere β) eine kubisch flächenzentrierte (Γ'_c) (s. S. 27).

Die erstgenannte Modifikation hat dieselbe Struktur wie Ti, Zr und Hf, die letztere wie Th.

B. Die dreiwertigen Verbindungen der seltenen Erden.

Hydride. Auf 200° bis 300° im Wasserstoffstrom erhitzt, bildet Cerium ein Hydrid, das 2,4% Wasserstoff enthält, und ein Gemisch von CeH_2 und CeH_4 sein soll[6]). Nach den Untersuchungen

---

[1]) HICKS: Journ. of the Amer. chem. soc. Bd. 40, S. 1619. 1918.
[2]) THOMPSON u. KREMERS: Trans. Amer. Electr. Soc. Bd. 47, S. 6. 1925.
[3]) KELLERMANN: Die Ceritmetalle und ihre pryropheren Legierungen. Halle a. S. 1912. SUCHANEK: Chem. Ztg. Bd. 50, S. 805. 1926.
[4]) KREMERS: l. c.
[5]) HULL: Phys. Rev. Bd. 18, S. 88. 1921.
[6]) WEEKS: Chem. News Bd. 131, S. 245. 1925.

von SIEVERTS und seinen Mitarbeitern[1]) sind jedoch die Wasserstofflegierungen von La, Ce, Pr, Nd keine chemischen Verbindungen. Bei der Bildung der gesättigten festen Lösung des Wasserstoffs in lanthanreichem Mischmetall werden 40620 Cal. frei, beim Erhitzen der gesättigten Lösung mit festem Metall entstehen unter Wärmeabgabe homogene feste Lösungen. Die Dichte des Metalls war 6,69, die der bei 20° gesättigten festen Lösung nur 5,85. Neodym vermag weniger Wasserstoff aufzunehmen als Praseodym. Auch die übrigen Metalle absorbieren lebhaft Wasserstoff. Die Hydride zersetzen sich unter der Einwirkung von feuchter Luft oder Wasser.

Carbide. Carbide werden am einfachsten durch Reduktion der Oxyde durch Zuckerkohle im elektrischen Ofen erhalten. Beschrieben finden sich YC_2, LaC_2, CeC_{2c} [$d = 5,23$ [2])], PrC_2, NdC_2, SaC_2 und TbC_2. Bei ihrer Zersetzung mit Wasser entstehen neben größeren Mengen Acetylen (gegen 70%) und Methan (gegen 20%) etwas Äthylen, sowie Spuren von festen und flüssigen Kohlenwasserstoffen.

Carbonate. Durch verdünnte Lösungen von Alkalicarbonaten werden sämtliche Erden in Form von amorphen oder krystallinischen neutralen Carbonaten gefällt. So entsteht beim Ausfällen von Lanthancarbonat mit einer kalten Alkalicarbonatlösung ein schleimiger Niederschlag $La_2(CO_3)_3$, 8 H_2O, der im Vakuumexsiccator 6 Mol. Wasser und bei 100° getrocknet ein weiteres Mol Wasser verliert. Beim Durchleiten von Kohlensäure durch eine Suspension von $La(OH)_3$ fällt krystallisiertes Carbonat aus. $La_2(CO_3)_3$, 8 H_2O kommt als Mineral als Lanthanit vor. Das Ceriumsalz krystallisiert mit 5, das Pr-Salz mit 8, das Sm-Salz mit 3, das Gd-Salz mit 13, das Dy-Salz mit 4, das Y-Salz mit 3, das Sc-Salz mit 12 Molekülen Krystallwasser. Beim Kochen einer wässerigen Suspension der normalen Carbonate entstehen basische Carbonate $R(OH)CO_3$, sie bilden sich auch zum Teil, mit normalen Carbonaten gemischt, bei Zusatz von Na_2CO_3 zu einer siedenden Lösung der Erden [3]). Die basischen Carbonate der Ytter-

---

[1]) SIEVERTS u. MÜLLER-GOLDEGG: Z. anorg. Chem. Bd. 131, S. 65. 1923; SIEVERTS u. ROELL: ebenda Bd. 146, S. 149. 1925; Bd. 150, S. 261. 1925.
[2]) SIEVERTS, A. u. GOTTA: Z. f. Elektrochem. Bd. 32, S. 105. 1926.
[3]) DAMIENS: Cpt. rend. hebdom. des séances de l'acad. des sciences Bd. 157, S. 335. 1913; Ann. Chim. et Phys. Bd. 10, S. 330. 1918.

erden entstehen leichter als die der Ceriterden. Beim Erwärmen der festen Carbonate entstehen zuerst Verbindungen der Formel R_2O_3, CO_2 und oberhalb einer bestimmten Temperatur das Oxyd. Mit überschüssigen konzentrierten Alkalicarbonatlösungen bilden sich Doppelcarbonate, die bei den Ceriterden ziemlich unlöslich sind[1]), die Löslichkeit der Kaliumdoppelsalze nimmt in der Reihenfolge La, Pr, Ce, Nd, Sm ab, die Salze der Yttererden sind wesentlich löslicher als die der Ceriterden. Sie haben die Zusammensetzung $R_2(CO_3)_3$, K_2CO_3, $12\,H_2O$, nur das Samariumdoppelsalz krystallisiert mit nur 6 Mol. Wasser[2]).

Oxyde und Hydroxyde. Die Alkalien fällen auch bei Gegenwart von Ammonsalzen die seltenen Erden vollständig, aber bei Anwesenheit von Weinsäure und anderen organischen Oxysäuren bleibt die Fällung der Hydroxyde aus. Ferner ist das $Sc(OH)_3$ bereits in einem geringen Überschusse von KOH löslich, und ein solches Verhalten wird man vermutlich schon bei den letzten, nur wenig untersuchten Lanthaniden bereits angedeutet finden. Die Hydroxyde werden auch bei der Elektrolyse der Lösung der Nitrate oder Chloride erhalten, am zweckmäßigsten an einer bewegten Quecksilberkathode, wobei die Geschwindigkeit der Abscheidung der einzelnen Hydroxyde von der Basizität der betreffenden Erde abhängt[3]).

Bei tropfenweisem Zusatz der verdünnten Lösung einer starken Base werden die Hydroxyde in der folgenden Reihenfolge gefällt:

Sc, Cp, Yb, Tu, Er, Ho, Dy, Tb, Sm, Gd,
Eu, Y, Nd, Pr, Ce''', La.

Die so erhaltene Basizitätsreihe stimmt im wesentlichen mit der auf Grund der Reihenfolge zunehmender Molekularvolumina usw. (vgl. S. 24) gewonnenen überein, nur das Verhalten des Sm und Y ist anomal.

Die Hydroxyde der seltenen Erden, namentlich die ersten Lanthanide, sind ziemlich starke Basen, nur etwas schwächer als die Erdalkalihydroxyde und wesentlich stärker als das Aluminium-

---

[1]) ZAMBONINI u. CAROBBI: Atti. R. Acad. dei Lincei. Roma Bd. 22, S. 125. 1923; Gazz. chim. ital. Bd. 54, S. 53. 1923.
[2]) PREISS u. DUSSIK: Z. anorg. Chem. Bd. 131, S. 275, 287. 1923.
[3]) DENNIS u. LEMON: Journ. of the Americ. chem. soc. Bd. 37, S. 131. 1915; DENNIS u. VAN DER MEULEN: ebenda S. 1963.

hydroxyd und die übrigen 3 wertigen Hydroxyde. Sie sind hygroskopisch und absorbieren Kohlensäure. Die Hydroxyde sind amorphe Niederschläge, die beim Erwärmen auf einige hundert Grade verglimmen, wobei, wie Röntgenaufnahmen zeigen[1]), ein Übergang des amorphen Oxyds in das krystallierte stattfindet; die beim Krystallisieren plötzlich freiwerdende Wärme erhitzt das heiße Oxyd bis zu sichtbarer Glut. Der Nachweis eines solchen Verhaltens ist von BÖHM[1]) für das Sc, sowie zum Teil auch für Y, La und Nd erbracht worden und dürfte wohl für alle seltene Erden gelten. Auch das Glühen von Carbonaten, Nitraten und Oxalaten führt zur Bildung von Oxyd, bei den Sulfaten dagegen nur bei sehr hohen Temperaturen. Das La_2O_3 zieht rasch Feuchtigkeit und Kohlensäure aus der Luft und reagiert mit Wasser unter erheblicher Wärmeentwicklung. Das in reinem Zustande nicht bekannte Ac_2O_3 dürfte diese Eigenschaften in noch erhöhtem Maße zeigen. Die übrigen seltenen Erden zeigen dasselbe Verhalten, doch mit abnehmender Basizität in abnehmendem Maße, und im Falle des Sc_2O_3 nur noch schwach ausgeprägt. Die Oxyde sind in Mineralsäuren leicht löslich, nur in Flußsäure ist Sc_2O_3 nicht, die übrigen Oxyde nur wenig löslich.

Die obenerwähnten Methoden zur Darstellung des Sesquioxyds gelten nicht für das Ce, Pr und Tb. Beim Glühen des Oxalats, Nitrats, Carbonats und Hydroxyds erhält man ein höheres Oxyd. (Vgl. S. 78.) Beim Erwärmen des Cerooxalats bei Ausschluß von Sauerstoff auf 550° entsteht ein blauschwarzes Oxyd, das als ein Gemisch von Cerooxyd und Ce_4O_7 angesehen wird. Die Sesquioxyde haben die folgenden Farben:

Sc	Y	La	Ce	Pr	Nd	Sm	Eu
weiß	weiß	weiß	weiß	?	lichtblau	weiß	gelblichweiß
Gd	Dy	Ho	Er	Tu	Yb	Cp	
weiß	weiß	gelb	rosa	grünlich weiß	weiß	weiß.	

Für die Dichte der verschiedenen Sesquioxyde sind von verschiedenen Beobachtern oft recht verschiedene Werte erhalten worden, was auf drei verschiedene Ursachen zurückzuführen sein dürfte: Verunreinigungen, das Vorliegen eines Gemisches von

---

[1]) BÖHM, J.: Z. anorg. Chem. Bd. 149, S. 217. 1924.

amorphem und krystallisiertem Material und das Vorliegen verschiedener allotroper Modofikationen. Über die letzteren sind wir aus den Arbeiten von V. M. GOLDSCHMIDT genau unterrichtet, und die von ihm und seinen Mitarbeitern ermittelten Gitterdimensionen ermöglichen auch eine genaue Berechnung der Molekularvolumina und damit der in Tabelle 16 aufgezählten Dichten der Sesquioxyde[1]). Die Krystallart A ist trigonal (pseudohexagonal), B_1 ist pseudotrigonal, B_2 ist trigonal, C ist regulär (vgl. auch S. 116).

Tabelle 17.

Sesquioxyde	Dichte (d_4^{20})		Sesquioxyde	Dichte (d_4^{20})	
	A	C		A	C
Sc	—	3,09	Gd	—	7,62
Y	—	5,01	Tb	—	7,89
La	6,48	—	Dy	—	8,20
Ce	6,85	—	Ho	—	8,35
Pr	7,03	—	Er	—	8,64
Nd	7,24	—	Tu	—	8,77
Sm	—	7,21	Yb	—	9,30
Eu	—	7,29	Cp	—	9,42

Über die magnetische Susceptibilität der Oxyde vgl. S. 41.

Die Bildungswärme des La_2O_3, Pr_2O_3 und Nd_2O_3 beträgt pro Äquivalent 74,1, 68,7 bzw. 72,5 Cal., also ungefähr soviel wie die des MgO (71,5 Cal.). Der Schmelzpunkt[2]) des La_2O_3 liegt bei ungefähr 2000°.

Die Fluoride. Von den Fluorverbindungen sind die des Scandiums am besten untersucht, wohl infolge der Bedeutung, welche der Leichtlöslichkeit des ScF_3 in Ammoniumfluorid, im Gegensatze zu der des Thoriumfluorids, für die Reindarstellung des Scandiums zukommt. Das ScF_3 ist schwer löslich in Wasser, verd. HCl und HNO_3, etwas leichter löslich in hochkonz. HCl und HNO_3, langsam, aber nicht unbeträchtlich, in HF. Es ist leicht löslich in Alkalicarbonaten, namentlich in $(NH_4)_2CO_3$, und daraus durch Säuren wieder fällbar[3]).

---

[1]) Pyknometrisch sind ferner die Dichten der Oxyde von La, Pr, Nd, Sm, Eu und Gd bestimmt worden. PRANDTL: Ber. d. Dtsch. chem. Ges. Bd. 55, S. 692. 1922.
[2]) TIEDE u. BIRNBRÄUER: Z. anorg. Chem. Bd. 87, S. 129. 1914.
[3]) STERBA-BÖHM, S.: Bull. Soc. Chim. Bd. 27, S. 185. 1920.

Durch NH_3 wird selbst beim Kochen kein Hydroxyd gefällt[1]). In der Lösung der Verbindung in Wasser bildet sich beim Stehen NH_4ScF_4, während beim Schütteln von $(NH_4)_3ScF_2$ mit NH_4F die Verbindung $(NH_4)_2ScF_5$ entsteht. NH_4ScF_4 geht bei längerer Berührung mit Wasser in ScF_3 über, die erstgenannte Verbindung ist viel löslicher als das $(NH_4)_2ScF_5$ [2]).

K_3ScF_6 ist viel schwerer löslich als das entsprechende Ammoniumsalz. Es krystallisiert in Octaedern. Durch Kochen der Lösung mit NH_3 wird $Sc(OH)_3$ gefällt. Na_3ScF_6 ist in heißem Wasser sehr schwer, in verd. HCl leicht löslich[3]). Von den Fluoriden der übrigen seltenen Erden kennen wir nur Verbindungen vom Typus LaF_3 und $2 LaF_3, H_2O$, die erstere entsteht durch Einwirkung von Fluor auf das Carbid, die letztere durch Zusatz von Flußsäure zur Lösung etwa des Acetates. Dieselben Verhältnisse sind beim Ce, Pr, Nd, Sm sowie Y festgestellt worden. Die geringe Löslichkeit der Fluoride steigt mit abnehmender Basizität der Erde, doch werden die Lösungen der seltenen Erden durch lösliche Fluoride, durch Flußsäure wie durch Kieselfluorwasserstoffsäure praktisch vollständig gefällt. Der Schmelzpunkt[4]) des CeF_3 beträgt 1324°.

Chloride. Die wasserfreien Chloride werden durch Erhitzen eines Gemisches von Kohle und Oxyd im Chlorstrom oder durch Erwärmen der Oxyde in Schwefelchlordampf gewonnen, sowie des Metalls, Carbids oder Sulfids im Salzsäurestrom. Auch durch vorsichtiges Erwärmen des wasserhaltigen Chlorids im Salzsäurestrom oder in Gegenwart von Ammoniumchlorid kann die wasserfreie Verbindung gewonnen werden; auf diesem Wege wurde z. B. YCl_3 zum Zwecke der Atomgewichtbestimmung des Yttriums dargestellt[5]). Über die Molekularvolumina der wasserfreien Chloride vgl. S. 25.

Die Dichte der festen und geschmolzenen Chloride und der Hexahydrate sowie ihren Schmelzpunkt zeigt die folgende Zusammenstellung:

---

[1]) MEYER, R. J.: Z. anorg. Chem. Bd. 86, S. 257. 1914.
[2]) STERBA-BÖHM, S.: l. c.
[3]) MEYER, R. J. l. c.
[4]) BARTH: Diss. Aachen 1912.
[5]) HÖNIGSCHMID, O. u. A. MEUWSEN: Z. anorg. Chem. Bd. 140, S. 350. 1924.

Tabelle 18.

	d_{fest}	$d_{geschm.}$	Schmelzpunkt $t°$	$d_{Hexahydrat}$
Sc. . . .	2,39[1])	1,67[2])	940[3])	—
Y	2,67[1])	2,52 — 0,0005 (t — 700)[1])	700±5[1])	—
La . . .	3,155[1])	3,155 — 0,0005 (t — 860)[1])	860[2])	—
Ce . . .	—	—	848[4])	—
Pr . . .	4,12[5])	—	840	—
Nd . . .	—	—	784	2,282
Sm . . .	—	—	868	2,383
Gd . . .	—	—	628	2,424
Tb . . .	—	—	588	—
Dy . . .	—	—	680	—
Yb . . .	—	—	ca. 880	2,575

Die Chloride der vier ersten Lanthanide können 1 bis 8 Mol Ammoniak anlagern. Die Zerfalls-Temperaturen der Ammoniakate[6]) zeigt Tabelle 19.

Tabelle 19.

	8 NH_3	5 NH_3	3 NH_3	2·H_2O	1 NH_3
$LaCl_3$ . . .	71°	86°	145°	181°	265°
$CeCl_3$ . . .	70°	100°	—	198°	281°
$PrCl_3$ . . .	71°	115°	—	218°	290°
$NdCl_3$ . . .	70°	114°	—	219°	293°

Die Mehrzahl der Chloride krystallisiert mit 6 bzw. 7 H_2O, wie aus der folgenden Tabelle hervorgeht:

Tabelle 20.

$ScCl_3$ . . .	6 H_2O und 7 H_2O	$SmCl_3$. . . .	6 H_2O und 7 H_2O
YCl_3 . . .	6 ,, ,, 7 ,,	$GdCl_3$. . . .	6 ,, ,, 7 ,,
$LaCl_3$ . . .	15/2 ,, ,, 7 ,,	$TbCl_3$. . . .	6 ,, ,, 7 ,,
$CeCl_3$ . . .	15/2 ,, ,, 7 ,,	$DyCl_3$. . . .	6 ,, ,, 7 ,,
$PrCl_3$ . . .	6 ,, ,, 7 ,,	$TuCl_3$ . . .	— ,, ,. 7 ,,
$NdCl_3$ . .	6 ,, ,, 7 ,,		

[1]) Klemm, W.: Z. anorg. Chem. Bd. 152, S. 248. 1926.
[2]) Voigt, A. u. W. Biltz: Z. anorg. Chem. Bd. 133, S. 287. 1924.
[3]) Biltz, W. u. W. Klemm: Z. anorg. Chem. Bd. 133, S. 284. 1924.
[4]) Bourion: Ann. chem. et phys. Bd. 21, S. 83. 1910, von dem auch die übrigen Schmelzpunkte bestimmt worden sind.
[5]) Ephraim, F. u. R. Bloch: Ber. d. Dtsch. chem. Ges. B. 59, S. 2698. 1926; Bourion: l. c., fand gleichfalls bei 25° den Wert von 4,09.
[6]) Ephraim, F. u. R. Bloch: l. c.

Sie sind in Wasser und Alkohol leicht löslich und zerfließen an der Luft. Beim Erhitzen verlieren sie Chlor unter Bildung von Oxychloriden; das Oxychlorid wird auch erzeugt, wenn Chlor allein auf die Oxyde einwirkt, sowie bei der Elektrolyse von geschmolzenem, nicht völlig entwässertem $CeCl_3$. Das Ceriumoxychlorid löst sich in Wasser zu einer sauren, gelben Flüssigkeit, aus der sich bald Cerihydroxyd ausscheidet[1]). Basische Chloride werden durch langdauerndes Schütteln der Oxyde mit 1n-NH_4Cl-Lösung gewonnen[2]). Nach dem Trocknen über Natronkalk haben sie die Zusammensetzung $La_4Cl_2O_5$, 9 H_2O (bei 15° dargestellt), $La_8Cl_2O_{11}$, 16 H_2O (bei 50° dargestellt); $Pr_4Cl_2O_5$, 9 H_2O (bei 15°), $Pr_4Cl_2O_5$, 20 H_2O (bei 50°), $Nd_4Cl_2O_5$, 9 H_2O (bei 15°), $Nd_9Cl_3O_{12}$, 22 H_2O (50°). In 100 g HCl (d = 1,1051)[3]) lösen sich bei 20° 38,23 g YCl_3 und 81,45 g $YbCl_3$; 100 g Alkohol lösen 60,1 g YCl_3, während in 100 g Pyridin bei 15° die folgenden Mengen in Lösung gehen.

$PrCl_3$	$NdCl_3$	$SmCl_2$	YCl_3
2,14	1,8	6,38	60,6 g

Bis auf das $ScCl_3$, das in $^1/_{10}$n-Lösung bei 14° schon zu 0,9% hydrolysiert ist, zeigen die Chloride nur eine sehr schwache Hydrolyse, das $LaCl_3$ in $^1/_{10}$n-Lösung ist nur zu 0,003%, das YCl_3 zu 0,01% hydrolytisch gespalten[4]). Diese Hydrolysengrade sind durch Messung der Wasserstoffionenkonzentrationen auf elektrometrischem Wege ermittelt worden. Auch die Differenz der Äquivalentleitfähigkeiten, wie sie aus den folgenden, gleichfalls von E. BODLÄNDER herrührenden Zahlen ersichtlich sind, zeigt, daß bis auf den Fall des $ScCl_3$ die mit steigender Verdünnung steigende Hydrolyse so gering ist, daß sie die Differenz $\Delta_{1024-32}$ kaum beeinflußt und daß sich die letztere in der Nähe des normalen Wertes von 26 bewegt.

---

[1]) ARNOLD, H.: Z. f. Elektrochem. Bd. 24, S. 137. 1918.

[2]) PRANDTL, W. u. RAUCHENBERGER: Ber. d. Dtsch. chem. Ges. Bd. 53, S. 843. 1920.

[3]) WILLIAMS, FOGG u. JAMES: Journ. of the Americ. chem. soc. Bd. 47, S. 300. 1925.

[4]) BODLÄNDER: Diss. Berlin 1915.

Die dreiwertigen Verbindungen der seltenen Erden.

Tabelle 21.

V	16	32	1024	$l_{1024-32}$
Sc	95,92	103,73	141,92	38,19
Y	102,41	109,39	135,51	26,12
Pr	104,66	113,75	140,29	26,54
Nd	105,77	112,77	138,83	26,06
Ce	104,10	111,46	138,27	26,81
La	105,80	112,57	139,41	26,84

Die Äquivalentleitfähigkeit der geschmolzenen Chloride beim Schmelzpunkte zeigen die folgenden Zahlen[1]):

Tabelle 22.

$ScCl_3$ 15,6	$PrCl_3$ 0,65
YCl_3 9,5	$NdCl_3$ 0,75
$LaCl_3$ 29,2	

Für die Zersetzungsspannung der geschmolzenen Chloride sind die folgenden Zahlen gefunden worden[2]):

Tabelle 23.

| $LaCl_3$ bei 783° 1,65 V auf 18° extrapoliert 1,748 V, |
| $CeCl_3$,, 738° 2,10 V ,, 18° ,, 2,097 V, |
| $PrCl_3$,, 737° 1,45 V ,, 18° ,, 1,436 V, |
| $NdCl_3$,, 800° 1,55 V ,, 18° ,, 1,645 V. |

Die Zersetzungsspannung der wässerigen Lösung der Nitrate beträgt gegen 2 Volt[3]).

Die Lösungswärme sowie die Bildungswärme Q nach der Gleichung M_2O_3 (fest) + 6 HCl (gasförm.) = 2 MCl_3 (fest) + 3 H_2O (fest) + Q ist nach MATIGNON[4]):

---

[1]) BILTZ u. VOGT: Z. anorg. Chem. Bd. 126, S. 39. 1923; BILTZ u. KLEMM: Z. phys. Chem. Bd. 110, S. 341. 1924; KLEMM u. BILTZ: Z. anorg. Chem. Bd. 152, S. 230. 1926.

[2]) NEUMANN u. RICHTER: Z. f. Elektrochem. Bd. 31, S. 287. 1925.

[3]) DENNIS u. LEMON: Journ. of the Americ. chem. soc. Bd. 137, S. 131. 1915; DENNIS u. VAN DER MEULEN: ebenda, S. 1963 Z. anorg. Chem. Bd. 91, S. 186. 1915.

[4]) MATIGNON: Ann. chim. et phys. Bd. 8, S. 402. 1906.

Tabelle 24.

	La	Pr	Nd	Sm
Lösungswärme ..	31,3	33,5	35,4	37,4
Bildungswärme ..	80,3	73,9	71,6	64,2

Bei der Reaktion $^1/_3$ (12 S_2Cl_2 + 4 Nd_2O_3) = $^1/_3$ (8 $NdCl_3$ + 6 SO_2 + 18 S) werden 159,6 Cal. frei[1]). Auch die bei der Einwirkung von verd. HCl auf La_2O_3, La_2S_3 usw. auftretenden Wärmetönungen wurden untersucht. Die Chloride haben die Neigung, mit den Chloriden schwach elektropositiver Metalle zu mehr oder minder labilen Komplexen zusammenzutreten, so z. B. mit $HgCl_2$, $BiCl_3$, $PtCl_2$, $PtCl_4$, $AuCl_3$, $SbCl_3$, $SnCl_3$, $SnCl_4$. Sie addieren ferner bei Ausschluß von Wasser Ammoniak, Pyridin und andere organische Basen. So addiert z. B. $NdCl_3$ 12, 11, 8, 5, 4, 2 und 1 Molekül NH_3, und diese Ammoniakate[2]) dissoziieren bei —10°, 26°, 79°, 117°, 157°, 225° bzw. 360°.

Chlorate. Es sind nur Chlorate der Yttererden bekannt. Das $Yt(ClO_3)_3$, 8 H_2O wurde durch Umsetzung des Yttriumsulfats mit Bariumchlorat erhalten.

Bromide. Die Bromide sind wenig untersucht. Sie lassen sich auf ähnliche Weise darstellen wie die Chloride und sind sehr hygroskopisch. Die Lösung des $LaBr_3$ ist bereits etwas hydrolysiert, aus der Lösung krystallisiert $LaBr_3$, 7 H_2O aus. LaOBr wird erhalten beim Erwärmen des Oxyds im Bromstrom. Bekannt sind die Bromide der fünf ersten Lanthanide. Die Dichte des $ScBr_3$ = 3,91[3]), die des $ScBr_3 \cdot 6\ H_2O$ = 2,971, des $GdBr_3 \cdot 6\ H_2O$ = 2,844.

Bromate. Um das Bromat zu erhalten, gießt man die frisch bereitete eiskalte Lösung des wasserfreien Sulfats in eine Lösung von Bariumbromat. Man erwärmt die Lösung, um die Umsetzung zwischen dem Bromat und dem Sulfat zu beschleunigen und kühlt dann die Lösung, wobei das Bromat der seltenen Erden zum Teil auskrystallisiert. Die Löslichkeit der Bromate nimmt nach

---

[1]) BOURION l. c.

[2]) MATIGNON und TRANNOY: Cpt. rend. hebdom. des seances de l'acad. des sciences Bd. 142, S. 1042. 1906.

[3]) HÖNIGSCHMID: Zeitschr. f. Elektrochem. Bd. 25, S. 95. 1919.

JAMES[1]) sowie nach HARRISON und HOPKINS[2]) im Gebiete der Dysproside mit steigender Atomnummer zu, und die des Yttriumbromats fällt zwischen die der Holmium- und der Erbiumverbindung, während im Gebiete Nd—Tb die Löslichkeit, wie es auch aus der Abb. 9 ersichtlich ist, in der Reihenfolge Eu, Sm, Gd, 61, Tb, Nd zunimmt. 100 Teile Wasser lösen bei 25° 190 Teile Pr(BrO$_3$)$_3$, 9 H$_2$O. Nach der neuesten Angabe von ZERNIKE u. JAMES[3]) ist die Reihenfolge abnehmender Löslichkeit bei 20 bis 25° die folgende: Er, La, Y, Ho, Pr, Dy, Nd, Tb, Gd. Bei anderen Temperaturen ist die Reihenfolge möglicherweise eine andere. Der Schmelzpunkt des Pr(BrO$_3$)$_3$, 9 H$_3$O sowie der analogen Neodym- und Samariumverbindung beträgt 56,5°, 66,7° bzw. 75°. Die Praseodymverbindung verliert bei 100° 5 Mol. Wasser und bei 130° die weiteren noch vorhandenen 4 Mol., bei 150° beginnt die Zersetzung des Salzes.

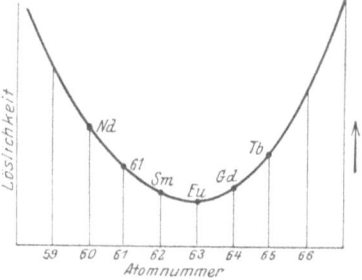

Abb. 9. Löslichkeit der Bromate der seltenen Erden.

Jodide. NdJ$_3$ ist als schwarzes krystallines Pulver erhalten worden durch die Einwirkung von Jodwasserstoffgas auf das wasserfreie Chlorid knapp unterhalb dessen Schmelzpunkt. Außerdem findet sich in der Literatur das Jodid des Samariums, sowie CeJ$_3$, 9 H$_2$O beschrieben.

Jodate. Die Jodate entstehen beim Zusatz von Alkalijodat zu Lösungen der Salze der seltenen Erden. Sie sind ziemlich schwer löslich in Wasser. Bei 25° sind in 1 l 3,09 Milliäquiv. La(JO$_3$)$_3$ enthalten. In Salpetersäure lösen sie sich dagegen leicht, und die Löslichkeit steigt mit steigender Basizität der Erde.

---

[1]) JAMES: Journ. of the Americ. chem. soc. Bd. 30, S. 182. 1908 und Bd. 34, S. 757. 1912. Vgl. auch JORDON u. HOPKINS: Journ. of the Americ. chem. soc. Bd. 39, S. 2214. 1917. — KREMERS u. BALKE: Journ. of the Americ. chem. soc. Bd. 40, S. 593. 1918.

[2]) HARRIS u. HOPKINS: Journ. of the Americ. chem. soc. Bd. 48, S. 1588. 1926.

[3]) ZERNIKE u. JAMES: Journ. of the Americ. chem. soc. Bd. 48, S. 2871. 1926. — Anm. bei der Korr.: Die von JAMES und Mitarbeitern soeben veröffentlichten Löslichkeiten sind auf S. 99 angeführt.

Sulfide. Die Sulfide werden durch Reduktion des wasserfreien Sulfats oder durch Einwirkung von Schwefelwasserstoff auf die Oxyde bei hoher Temperatur, gewonnen. Die stark gefärbten Sulfide sind an der Luft ziemlich beständig, sie hydrolysieren beim Kochen mit Wasser. Die Dichte der Sulfide der vier ersten Lanthanide beträgt: 4,91, 5,02, 5,04 bzw. 5,18. Außer den normalen Sulfiden sind auch Polysulfide der drei ersten Lanthanide bekannt.

Sulfate. Die neutralen Sulfate werden durch Erwärmen des Oxyds oder der Hydrate mit Schwefelsäure dargestellt. Im Falle des Lanthans muß man in beiden Fällen bis zu 600 bis 650° erwärmen, um das neutrale Salz zu erhalten, im Falle des Ceriums wird das Erwärmen bis zu 450° empfohlen, da bei 500° schon die Zersetzung des $Ce_2(SO_4)_3$ beginnt. Das $Er_2(SO_4)_3$ beginnt sich bei 630° merklich zu zersetzen, bei 850° entsteht ein basisches Sulfat, das zwecks Überführung in das Oxyd eine Erwärmung auf sehr hohe Temperatur erfordert. $Sc_2(SO_4)_3$ zeigt bereits bei 300° eine geringe Zersetzung. Je basischer die Erde ist, desto schwieriger wird die Überführung des Sulfats durch Glühen ins Oxyd erfolgen. Folgende Tabelle zeigt die bei 900° gemessene Dissoziationsspannung (p) der Sulfate[1]).

Tabelle 25.

Element	p (in mm Hg)	Element	p (in mm Hg)
La	2	Pr	5,5
Y	3	Nd	6
Cp	3,5	Gd	7
Yb	4	Sm	8
Er	5	Sc	11

Die so erhaltene Reihe zunehmender Dissoziationsspannung ist von der Reihenfolge der abnehmenden Basizität, wie wir sie auf S. 24 kennengelernt haben, sehr wesentlich verschieden.

Das spez. Gewicht des wasserfreien Salzes bei 15° ist Sc = 2,58; Y = 2,52; La = 3,6; Pr = 3,73. Die neutralen Sulfate sind hygroskopisch und lösen sich leicht in kaltem Wasser, so lösen z. B. 100 Teile Wasser bei 0° 4 Teile $Ce_2(SO_4)_3$ auf; beim Erwärmen solcher Lösungen krystallisieren die für die betreffenden Temperatur stabilen schwerlöslichen Hydrate aus. So scheidet sich bei

---

[1]) WÖHLER u. GRÜNZWEIG: Ber. d. Dtsch. chem. Ges. Bd. 46, S. 1726. 1913.

20° bereits das Enneahydrat des Lanthans, das $La_2(SO_4)_3 + 9 H_2O$, fast vollständig ab, wogegen die Sulfate des Pr und Nd bei dieser Temperatur beträchtlich leichter löslich sind. Genau untersucht ist die Löslichkeitskurve der verschiedenen Hydrate des $Ce_2(SO_4)_3$, welche die von J. KOPPEL herrührende Abb. 10 zeigt. Das sonst stets, bis auf den Fall des La und Sc, auftretende Octohydrat ist im Falle des Ceriums z. B. nur zwischen 3° und 33° stabil. Folgende Tabelle zeigt die Anzahl g der Octohydrate, die sich in 100 g H_2O lösen:

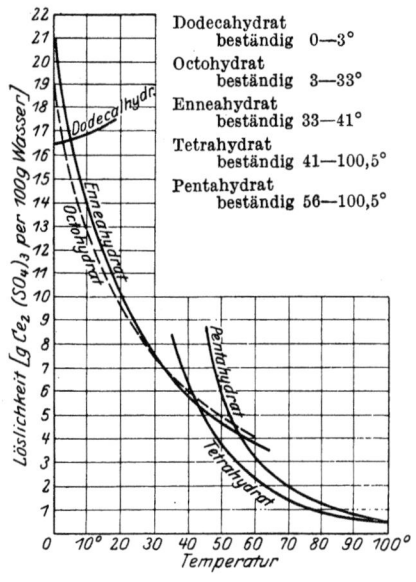

Dodecahydrat beständig 0—3°
Octohydrat beständig 3—33°
Enneahydrat beständig 33—41°
Tetrahydrat beständig 41—100,5°
Pentahydrat beständig 56—100,5°

Abb. 10.
Löslichkeit der Hydrate des Cerosulfats.

Tabelle 26.

	0°	15°	50°
Ce	19,09	11,06	4,79
Pr	19,80	14,05 (18°)	7,02 (55°)
Nd	9,5	7,1 (16°)	3,6
Gd	3,98	2,8 (14°)	2,4
Yb (?)	44,2	34,6 (15,5°)	11,5 (55°)

Folgende Hydrate der Sulfate verschiedener Erden sind bekannt:

Tabelle 27.

Sc	2, 3, 5, 6	Gd	8
Y	8	Tb	8
La	6, 9, 16	Dy	8
Ce	4, 5, 8, 9, 12	Ho	8
Pr	5, 8, 12, 15,5	Er	8
Nd	8	Tu	8
Sm	8	Yb	8
Eu	8	Cp	8

Die Octohydrosulfate sind alle, bis auf das Ce, das rhombisch oder triklin ist, monoklin, und die letzteren sind alle isomorph. Der Brechungsindex (α) ist für die Verbindung des Pr, Nd, Sm und Yt: 1,5399, 1,5413, 1,5427 und 1,5433. Über ihr Molekularvolumen vgl. S. 24. Sie sind in trockener Luft alle, inkl. der Verbindung des Ytterbiums und des Cassiopeiums[1]), ganz beständig. Das spez. Gewicht der Enneahydrosulfate des La und Ce beträgt 2,821 bzw. 2,831, das der wasserfreien Sulfate 3,600 und 3,912, während die Dichte des $Sc_2(SO_4)_3 = 2,579$, die der Yttriumverbindung $= 2,612$ ist. $Sc_2(SO_4)_3$ ist in kaltem Wasser langsam, in heißem schnell löslich[2]). Das $Sc_2(SO_4)_3$, 6 H_2O ist in Wasser außerordentlich leicht löslich und geht in trockener Atmosphäre in das $Sc_2(SO_4)_3$, 5 H_2O über[3]), das bei etwas über 100° in das $Sc_2(SO_4)_3 \cdot 2 H_2O$ übergeht. Während das Octohydrosulfat des Scandiums nicht bekannt ist, bildet das Selenat dieses Elementes ein Octohydrat. 100 cm³ Wasser lösen bei 25° 54,61 g Scandiumsulfatpentahydrat auf. Der Zusatz von Schwefelsäure ruft eine beträchtliche Löslichkeitsverminderung hervor. Von den Sulfaten der Erden ist das Scandiumsulfat am löslichsten. Über das Ytterbiumsulfat wissen wir, daß es gleichfalls sehr leicht löslich ist; quantitative Angaben liegen über die Löslichkeit des Erbiumsulfats vor, 100 g der gesättigten Lösung enthalten 11,94 g von letzterem.

Die Sulfate zeigen in Lösung innere Komplexbildung, welche man am besten beim Scandium studieren kann, das als die am wenigsten basische Erde die Erscheinung am ausgeprägtesten zeigt. Es wandert z. B. beim Stromdurchgang durch eine verdünnte Scandiumsulfatlösung ein sehr beträchtlicher Teil des Scandiums zur Anode[4]). Löst man das $Sc_2(SO_4)_3$, 5 H_2O in H_2SO_4 vom spez. Gewicht von 1,6 auf, so scheidet sich aus dieser Lösung die „Scandiumschwefelsäure" $Sc_2(SO_4)_3$, 3 H_2SO_4 aus. Das Kalium-, Natrium- und Ammoniumsalz dieser Säure $K_3[Sc(SO_4)_3]$ usw. krystallisieren aus der K_2SO_4 usw.-haltigen Lösung des Scandiumsulfats. Das Kaliumsalz ist in einer K_2SO_4-Lösung schwer, das Ammonium-

---

[1]) AUER VON WELSBACH: Sitzungsber. d. Akad. d. Wiss. Wien Bd. 122, S. 968. 1913.
[2]) MEYER, R. J.: Z. anorg. Chem. Bd. 86, S. 276. 1916.
[3]) WIRTH: Z. anorg. Chem. Bd. 87, S. 10. 1914.
[4]) BODLÄNDER: Diss. Berlin 1915, S. 30.

salz unter ähnlichen Bedingungen etwas leichter löslich[1]), während das Natriumsalz in überschüssigem Na_2SO_4 leicht löslich ist. Die Sulfate der übrigen Erden zeigen die Neigung zur Komplexbildung weniger ausgeprägt, aber sogar im Falle des Lanthans hat man noch eine nicht unbeträchtliche anodische Wanderung feststellen können. Beim Stehen einer konz. $La_2(SO_4)_3$-Lösung in konz. H_2SO_4 fällt in feinen weißen Nadeln die Lanthanschwefelsäure aus, sie beginnt bei 180° Schwefelsäure zu verlieren, bei 280° sind nur noch 5% der freien H_2SO_4 vorhanden, wogegen der Rest erst bei 600° entweicht. Beim Zusatz von Ammoniak zur Lösung des $La_2(SO_4)_3$ fällt nicht das Hydroxyd, sondern ein basisches Salz aus. Im allgemeinen sind die Alkalidoppelsulfate[2]) der Ceriterden in konz. Alkalisulfatlösung schwer, die der Yttererden mit der Ausnahme der nur beschränkt löslichen Terbiumdoppelsulfate leicht löslich, und dieser Löslichkeitsunterschied wird zu einer, allerdings nicht scharfen Trennung der Erden in zwei Gruppen benützt. Es ist eine große Zahl von verschiedenen Doppelsulfaten der seltenen Erdelemente bekannt[3]). Die Äquivalentleitfähigkeit der Sulfate zeigt folgende Tabelle[4]):

Tabelle 28.

	V 32	1024	$\Delta_{1024-32}$
Sc	Δ 28,29	72,14	43,85
Y	,, 38,30	91,75	53,45
La	,, 35,43	87,30	51,87
Ce	,, 33,14	87,09	51,95
Pr	,, 34,73	86,95	52,22
Nd	,, 37,78	91,65	53,87
Sm	,, 36,29	89,09	52,80
Gd	,, 37,17	88,02	50,85
Er	,, 42,44	96,59	54,15

[1]) MEYER, R. J.: Z. anorg. Chem. Bd. 86, S. 257. 1914.

[2]) ZAMBONINI u. CAGLIOTI: Atti d. reale accad. dei Lincei Bd. 33, S. 308. 1924. — ZAMBONINI u. GAROBBI: Atti d. reale accad. dei Lincei Bd. 33, S. 301. 1924.

[3]) Über die Doppelsulfate von La mit Na vgl. ZAMBONINI u. GAROBBI: Atti d. reale accad. dei Lincei Bd. 2, S. 300. 1925; über die mit Tl, ebenda Bd. 1, S. 8. 1926, über verschiedene andere Doppelsalze zahlreiche Untersuchungen von ZAMBONINI in denselben Mitt. Jahrgänge 1920—1926.

[4]) BODLÄNDER: l. c.

Die starke innere Komplexbildung der Sc äußert sich in einem abnorm geringen Werte der Differenz $\varDelta_{1024-32}$.

Sulfite. Die Sulfite $M_2(SO_3)_3$, xH_2O sind wenig lösliche Verbindungen, die beim Einleiten von SO_2 in eine wäßrige Suspension des Hydroxyds, durch einen Umsatz von Alkalisulfit mit einem leichtlöslichen Salz der seltenen Erden oder durch Auflösen des Karbonats in schwefliger Säure gewonnen werden. Die Ceriumverbindung krystallisiert mit 3 und 9, die Scandiumverbindung mit 6 Mol. Wasser. Verschiedene Doppelsulfite des Ce und La mit Alkalisulfiten sind bekannt[1]).

Thiosulfate. Die Thiosulfate sind leicht lösliche Verbindungen. Auch in siedender Lösung werden sie, mit Ausnahme des Scandiumthiosulfats, nicht hydrolysiert. Diese Eigenschaft kann zur Trennung der Erden von der Thoriumgruppe (inkl. des 4-wertigen Ceriums) benützt werden.

Nitride. Nitride der 5 ersten Lanthanide von der Formel LaN finden sich beschrieben. Sie entstehen durch Einwirkung von Stickstoff, Ammoniak oder geschmolzenem Cyankalium[2]) auf das erhitzte Metall, durch Einwirkung von Stickstoff auf das Hydrid[3]) oder von Ammoniak auf das Carbid. In feuchter Luft zersetzen sie sich unter Bildung von Ammoniak und Wasserstoff. Das Ceriumnitrid ist pyrophor. Explosive Trinitride (Azide) des La und Ce entstehen bei der Einwirkung von Natriumazid auf die Lösungen ihrer Salze.

Nitrate. Beim Auflösen des Oxyds oder Carbonats in Salpetersäure und Eindampfen der Lösung entsteht $La(NO_3)_3$, $6 H_2O$, das in triklinen Pyramiden krystallisiert und in Wasser und Alkohol leicht, in Salpetersäure nur mäßig löslich ist. Beim Erhitzen entsteht erst ein basisches Salz, dann das Oxyd. Mit den Alkalinitraten[4]) bildet es gut krystallisierende Doppelsalze, von denen das wichtigste (vgl. S. 97) das $La(NO_3)_3$, $2 NH_4NO_3$, $4 H_2O$ ist. Auch die Doppelsalze mit Fe, Ni, Co, Zn, Mn und Mg sind untersucht[5]),

---

[1]) CUTTICA: Gazz. chim. ital. Bd. 53, S. 769. 1923. — CANNERI u. FERNANDES: Gazz. chim. ital. Bd. 55, S. 440. 1925.

[2]) VOURNASOS: Bull. de la soc. de chim. biol. Bd. 9, S. 506. 1911. — FABARON: Ann. de Chim. analyt. appl. Bd. 1, S. 956. 1919.

[3]) DAFERT u. MIKLAUZ: Monatsh. Bd. 33, S. 911. 1912

[4]) JANTSCH u. WIDGORROW: Z. anorg. Chem. Bd. 69, S. 222. 1911.

[5]) JANTSCH: Z. anorg. Chem. Bd. 76, S. 305. 1912. — GRANT u. JAMES: Journ. of the Americ. chem. soc. Bd. 37, S. 2752. 1915.

von denen das $2 La(NO_3)_3$, $3 Mg(NO_3)_2$, $24 H_2O$ bzw. die entsprechenden Salze der übrigen Ceride am wichtigsten sind (vgl. S. 97). Auch die Doppelsalze mit Pyridin, Chinolin, Hexamethylentetramin[1]) und Antipyrin[2]) sind bekannt.

Das Nitrat des anderen Endgliedes der seltenen Erden, des Scandiums, entsteht gleichfalls beim Einengen der salpetersauren Lösung des Oxyds, nur muß dies über Schwefelsäure bei Zimmertemperatur erfolgen, da beim schwächeren Erwärmen bereits ein leicht lösliches basisches Nitrat entsteht. Beim stärkeren Erwärmen des Nitrats entstehen allmählich schwerer lösliche basische Salze und beim Glühen das Oxyd. Aus der salpetersauren Lösung krystallisiert das sehr leicht lösliche $Sc(NO_3)_3$, $4 H_2O$[3]).

Das ähnlich dem Lanthansalz entstehende $Ce(NO_3)_3$, $6 H_2O$ verliert 3 Wassermoleküle bei $100°$ und beginnt bei $200°$ sich zu zersetzen. Mit KNO_3 bildet es $Ce(NO_3)_3$, $2 KNO_3$, $2 H_2O$, das sein Krystallwasser bei $180°$ vollständig abgibt. Mit $NaNO_3$ bildet sich $Ce(NO_3)_3$, $2 NaNO_3$, H_2O mit $RbNO_3$ das Doppelsalz $Ce(NO_3)_3$, $2 Rb(NO_3)$, $4 H_2O$ und analoge Verbindungen mit NH_4NO_3 und $TlNO_3$. Das Ammoniumsalz ist besonders leicht löslich, bei $25°$ enthalten 100 Teile Wasser 296,8 Teile des wasserfreien Salzes.

Eine zweite Reihe von Doppelsalzen, die sich mit den Nitraten der oben erwähnten einwertigen Metalle bildet, hat die Formel $3 Ce(NO_3)_3$, $4 MNO_3$, n. H_2O.

Mit Co, Ni, Zn, Mn und Mg bildet das Cerium ähnliche Doppelsalze wie das Lanthan. Dasselbe gilt auch für das Pr, Nd, Sm und Gd. Da die fraktionierte Krystallisation der Doppelnitrate eine sehr erfolgreiche Methode der Trennung des Pr und Nd, des alten „Didyms", ist (vgl. S. 97) wurde die Löslichkeit der Doppelnitrate dieser Elemente mit 2-wertigen Metallen einer systematischen Untersuchung unterzogen, die größten Unterschiede der Löslichkeit wurden beim Magnesiumsalz festgestellt[4]).

---

[1]) BARBIERI u. CALZOLARI: Atti d. reale accad. dei Lincei Bd. 20, S. 164. 1911.
[2]) KOLB: Z. anorg. Chem. Bd. 83, S. 143. 1913.
[3]) MEYER, R. J.: Z. anorg. Chem. Bd. 86, S. 257. 1914.
[4]) JANTSCH: Z. anorg. Chem. Bd. 76, S. 303. 1912.

Die Löslichkeit der Verbindungen 2 $R(NO_3)_3$, 3 $M(NO_3)_2$, 24 H_2O, (R = Erde und M = 2-wertiges Metall) nimmt in der Reihenfolge R = Ce, La, Pr, Nd, Sm, Gd und M = Mg, Zn, Ni, Co, Mn zu[1]).

Ferner bilden die Nitrate von Pr, Nd, Sm, Y, und Tb[2]) ähnlich wie die des La und Ce Hexahydrate. Bei 25° lösen 100 g Wasser 141,6 g Yttriumnitrat. Von allen Nitraten der seltenen Erden soll das Gadoliniumnitrat in Salpetersäure das am wenigsten lösliche sein; die Löslichkeit nimmt vom Lanthan bis zum Gadolinium mit steigender Atomnummer ab und nach dem Gadolinium wieder zu. Das Dysprosiumnitrat und Erbiumnitrat sowie (wenn nur aus Salpetersäure krystallisiert) das Gadoliniumnitrat krystallisieren mit 5 H_2O, das Thuliumnitrat[3]) ähnlich wie das Scandiumnitrat mit nur 4 H_2O. Beschrieben finden sich ferner Doppelnitrate des Pr, Nd und Gd und auch die Verbindung der Nitrate von Pr, Nd, Y und Er mit Hexamethylentetramin[4]).

Nitrite. Bei vorsichtigem Zusatz von Natriumnitrit zu einer Lösung der Nitrate oder Chloride der Erden entsteht ein krystalliner Niederschlag der Erdnitrite, während bei Zusatz von überschüssigem $NaNO_2$ die Erdnitrite in amorpher Form gefällt werden.

Bekannt ist ein komplexes Cerplatinnitrit, $Ce_2[Pt(NO_2)_4]_3$, 18 H_2O, sowie Komplexe von Alkalicernitrit mit Co, Ni oder Cu.

Phosphate. Phosphate des La, Ce, Pr, Nd, Sm, Y und Dy finden sich beschrieben. Die Dichte des $CePO_4$ ist 5,22, die des $Ce(PO_3)_3 = 3,72$. Die Phosphate des Pr und Nd können als feuerfeste färbende Zusätze bei der Porzellanfabrikation verwendet werden und verleihen diesem eine amethystrote bzw. grüne Farbe. Am ausführlichsten sind die Cerophosphate untersucht. Das Orthophosphat $CePO_4$ wird durch Zusammenschmelzen von Ceriumdioxyd mit Natriummetaphosphat erhalten, es bildet rhombische Krystalle. Die durch Schmelzen mit überschüssigem Natriumphosphat erhaltenen Orthophosphate der seltenen Erden

---

[1]) PRANDTL u. DUCRUE: Z. anorg. Chem. Bd. 150, S. 105. 1926.
[2]) URBAIN: Cpt. rend. hebdom. des séances de l'acad. des sciences Bd. 149, S. 37. 1909.
[3]) JAMES: Journ. of the Americ. chem. soc. Bd. 33, S. 1332. 1911.
[4]) BARBIERI u. CALZOLARI: Atti d. reale accad. dei Lincei Bd. 20, S. 164. 1911.

sollen in Säuren schwer löslich sein[1]). $CePO_4$ bildet den Hauptbestandteil des Monazits. Untersucht sind ferner $CeH(P_2O_7)$, $Ce_4(P_2O_7)_8$, $12\ H_2O$[2]) und $Ce(PO_3)_3$. Durch Alkaliphosphate werden die neutralen Lösungen sämtlicher Erden gefällt, freie Phosphorsäure im Überschusse löst die Niederschläge wieder auf. In Mineralsäuren sind die Phosphate leicht löslich.

Die Dimethylphosphate $R_2[(CH_3)_2PO_4]_6$ sind in warmem Wasser weniger löslich als in kaltem. Während Tb, Dy und Ho weniger lösliche Verbindungen bilden, sind die Dimethylphosphate der 4 ersten Lanthanide leichter löslich und die des Sm, Eu und Gd nehmen eine mittlere Stellung ein. Die Verbindungen sind recht unbeständig[3]).

Chromate. Die Chromate werden durch Zusatz von Kaliumchromat zu einer Lösung der seltenen Erden als wenig lösliche, krystallinische Niederschläge von der Formel $R_2(CrO_4)_3$, $8\ H_2O$ gewonnen, doch krystallisiert die Dysprosiumverbindung mit 10 Mol. Wasser[4]). Das Lanthanchromat und das Neodymchromat sind gelb, das Praseodymchromat grün[5]). Mit einem großen Überschusse von Alkalichromat entstehen Doppelchromate; die der Ytererden sind löslicher und auch beständiger als die der Ceriterden.

Cyanide. Cyanide der seltenen Erden sind nicht bekannt. Beim Zusatz von KCN zu der Lösung der seltenen Erden fällt das Hydroxyd aus. Dagegen entsteht bei der Einwirkung von Bariumplatincyanid auf die Sulfate der Erden die stabile Verbindung $R_2[Pt(CN)_4]_3$, $n\cdot H_2O$, wo $n = 18$ oder 21 ist. Die Platincyanide der Ceriterden sind gelb und zeigen eine kräftige blaue Fluorescenz, sie krystallisieren monoklin, während die der Ytererden rötlich sind, mit grüner Farbe fluorescieren und rhombisch krystallisieren. Das $Sc_2[Pt(CN)_4]_3$ krystallisiert in 2 Modifikationen, von welchen die eine sich wie die Platincyanide der Ceriterden, die andere wie die der Ytererden verhält.

---

[1]) CANNERI: Gazz. chim. Ital. Bd. 56, S. 450. 1926.
[2]) ROSENHEIM u. TRIANTAPHYLLIDES: Ber. d. Dtsch. chem. Ges. Bd. 48, S. 582. 1915.
[3]) MORGAN u. JAMES: Journ. of the Americ. chem. soc. Bd. 36, S. 10. 1914.
[4]) JANTSCH u. OHL: Ber. d. Dtsch. chem. Ges. Bd. 44, S. 1274. 1911.
[5]) ZAMBONINI u. GAROBBI: Ren. della accad. Napoli Bd. 31, S. 1. 1925.

Beim Zusatz von Kaliumferrocyanid fällt aus der Lösung der seltenen Erden die Verbindung $KR(FeC_6N_6)$, $3 H_2O$ aus. Die Yttriumverbindung ist wesentlich löslicher als die der Terbide. Auch zwischen den einzelnen Ferricyaniden $R(FeC_6N_6)$ sind ziemlich große Löslichkeitsunterschiede vorhanden[1]), und dasselbe gilt für die Cobalticyanide[2]). Die letzteren haben die Formel $R_2(CoC_6N_6)_2$, $9 H_2O$, in 10% HCl löst sich gegen 1% des Lanthan- und des Ceriumsalzes, während die Gd und Y-Verbindung 5 mal, die Ytterbiumverbindung 30 mal weniger löslich ist.

Oxalate. Die Oxalate werden durch Zusatz von Oxalsäure zu neutralen oder schwach sauren Lösungen der Erden erhalten. Sie haben in den meisten Fällen die Formel $R_2(C_2O_4)_3$, $10 H_2O$, doch

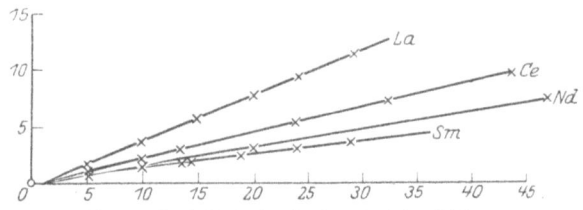

Abb. 11. Löslichkeit der Oxalate in Schwefelsäure.
Abzisse = $n/_{10}$ der Schwefelsäure; Ordinate = $n/_{1000}$ Oxalat.

fällt das Lanthanoxalat[3]) je nach den Versuchsbedingungen auch mit 9 sowie 3, 5, 7 oder 11 Mol. Wasser aus, das Yttriumoxalat mit 9 Mol., und das Scandiumoxalat[4]) mit nur 5 Mol. Die Löslichkeit der Oxalate in Wasser ist sehr gering und nimmt in der Reihenfolge abnehmender Basizität der Erden zu; die Löslichkeit des Scandiumoxalats erreicht bereits die des Calciumoxalats. In Säuren von 3—4 facher Normalität steigt die Löslichkeit nicht unbeträchtlich an; sie zeigt ein entgegengesetztes Verhalten als im ersterwähnten Falle und ist am größten im Falle des Lanthans. Die Löslichkeit des Oxalats in Wasser bzw. in 1 n-H_2SO_4 geht aus der Tabelle 29 und 30 hervor. Abb. 11 zeigt ferner die Änderung

---

[1]) GRANT u. JAMES: Journ. of the Americ. chem. soc. Bd. 39, S. 933. 1917.

[2]) JAMES u. WILLARD: Journ. of the Americ. chem. soc. Bd. 38, S. 1497. 1916.

[3]) JAMES u. WHITTLEMORE: Journ. of the Americ. chem. soc. Bd. 34, S. 1168. 1912.

[4]) STERBA-BÖHM: Z. Elektrochem. Bd. 20, S. 295. 1919. — WIRTH: Z. anorg. Chem. Bd. 87, S. 11. 1914.

der Löslichkeit mit veränderlicher Schwefelsäurekonzentration im Falle der 4 ersten Lanthanide an, während Abb. 12 die Löslichkeit des Scandiumoxalats in Schwefelsäure und Salzsäure verschiedener Konzentration wiedergibt. Die Zahlen der Tabelle 30 sind durch Leitfähigkeitsmessungen gewonnen worden[1]), durch Extrapolation der in sehr verdünnten Säuren gefundenen Löslichkeiten[2]) ergibt sich für die Löslichkeit des $Sm_2(C_2O_4)_3$ 1,2 mg pro Liter, für die Gd-Verbindung 0,7 mg pro Liter bei 25°.

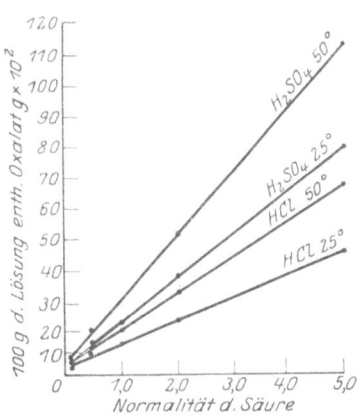

Löslichkeit von $Sc_2(C_2O_4)_3$ in H_2SO_4 und HCl bei 25° und 50°

Abb. 12. Löslichkeit des Scandiumoxalats.

Tabelle 29. Löslichkeit der Oxalate in Wasser.

	mg Oxalat (Anhydrid) in 1 Liter Wasser bei 25°
$La(C_2O_4)_3$, $10\ H_2O$	0,62
$Ce(C_2O_4)_3$, $10\ H_2O$	0,41
$Pr(C_2O_4)_3$, $10\ H_2O$	0,74
$Nd(C_2O_4)_3$, $10\ H_2O$	0,74
$Sm(C_2O_4)_3$, $10\ H_2O$	0,69
$Gd(C_2O_4)_3$, $10\ H_2O$	0,55
$Y(C_2O_4)_3$, $9\ H_2O$	1,00
$Yb(C_2O_4)_3$, $10\ H_2O$	3,34
$Sc(C_2O_4)_3$, $6\ H_2O$	7,4

Tabelle 30. Löslichkeit der Oxalate in 1 n-Schwefelsäure[3]).

	g Oxalat (Anhydrid) enthalten in 100 g der ges. Lösung bei 25°
$La(C_2O_4)_3$, $10\ H_2O$	0,2725
$Ce(C_2O_4)_3$, $10\ H_2O$	0,1831
$Pr(C_2O_4)_3$, $10\ H_2O$	0,1345
$Nd(C_2O_4)_3$, $10\ H_2O$	0,1173
$Sm(C_2O_4)_3$, $10\ H_2O$	0,0874
$Gd(C_2O_4)_3$, $10\ H_2O$	0,1019
$Dy(C_2O_4)_3$, $10\ H_2O$	0,140
$Er(C_2O_4)_3$, $10\ H_2O$	0,1948
$Yb(C_2O_4)_3$, $10\ H_2O$	0,142

100 ccm 1 n · H_2SO_4 lösen 0,173 g Yttriumoxalat.

Die Löslichkeit nimmt demnach bis zum Sm ab und beginnt nach dem Er nochmals abzunehmen.

---

[1]) RIMBACH u. SCHUBERT: Z. phys. Chem. Bd. 64, S. 184. 1909. — SCHOHREN: Diss. Berlin 1913; vgl. auch WIRTH: Z. anorg. Chem. Bd. 76, S. 199. 1912.
[2]) SCHOHREN l. c.
[3]) BODLÄNDER, E.: Diss. Berlin 1915, S. 21.

Beim Fällen des Oxalats aus konz. Mineralsäuren oder beim Auflösen des Oxalats in solchen entstehen Oxalverbindungen, z. B. entsteht beim Fällen aus konz. Salzsäure $La(C_2O_4)Cl$, das von Wasser in Oxalat und Chlorid zersetzt wird und beim Glühen LaOCl bildet.

Kalium- und Ammoniumoxalat bilden mit den Oxalaten der Yttererden leicht lösliche Doppelsalze. Die einzelnen Yttererden weisen namentlich in heißer gesättigter Ammoniumoxalatlösung, in der sie sehr leicht löslich sind, bedeutende Löslichkeitsunterschiede auf, denen bei der Trennung der Yttererden eine wichtige Rolle zukommt (vgl. S. 97). Folgende Zahlen zeigen die relativen Löslichkeiten der Oxalate im Ammoniumoxalat bei Zimmertemperatur nach BRAUNER:

Tabelle 31.

(Th	2663)	Pr	1,1
Yb	105	Ce	1,8
Y. . . .	11	La	1,0
Nd	1,4		

Die Löslichkeit der Ammoniumoxalate der Dysproside nimmt (nach AUER V. WELSBACH) in der Reihenfolge Cp, Yb, Tu, Er, Y, Ho, Dy ab. Die Natriumdoppeloxalate sind ziemlich schwer löslich. Im Falle der Scandiumverbindung sind sowohl das Kalium wie das Natriumsalz $NaSc(C_2O_4)_2$ schwer löslich, im Gegensatz zur Ammoniumverbindung $(NH_4)_8Sc_2(C_2O_4)_7 \cdot 7H_2O$, die sich sowohl in Wasser wie in Ammoniumoxalatlösung leicht löst. Ein der letzteren Verbindung analoges Kaliumsalz bildet das Yttrium, $K_8Y_2(C_2O_4)_7 \cdot 12H_2O$.

Auch die Gegenwart von organischen Basen erhöht die Löslichkeit der Ytteroxalate sehr wesentlich, eine 20% Methylamin und Äthylamin enthaltende Lösung vermag gegen 9% wasserfreies Ytterbiumoxalat aufzulösen[1]).

Formiate. Die Formiate erzeugt man am besten durch Lösen des frisch gefällten Hydroxyds in Ameisensäure[2]). Beim Einengen der Lösung fallen zuerst die Formiate der basischeren Erden aus, die wesentlich unlöslicher sind als die der Yttererden.

---

[1]) GRANT u. JAMES: Journ. of the Americ. chem. soc. Bd. 39, S. 933. 1917.
[2]) SARKAR: Bull. Soc. Chim. [4] Bd. 39, S. 1390. 1926, wo sich auch die Beschreibung einer großen Zahl von verschiedenen Gadoliniumverbindungen findet.

Die dreiwertigen Verbindungen der seltenen Erden. 71

Acetate. $La(C_2H_3O_2)_3$, $1,5\ H_2O$ entsteht beim Auflösen des Hydroxyds oder Carbonats in Essigsäure[1]). Ähnlich entsteht das Ceroacetat, 100 g der gesamten Lösung des letzteren enthalten 19,61 g des wasserfreien Salzes. Die Acetate der Erden, insbesondere die der Ceriterden, sind leicht löslich. Beim Kochen der Acetatlösung entstehen keine unlöslichen basischen Acetate. Versetzt man eine konzentrierte Lösung des Acetats mit Ammoniak in ganz geringem Überschusse, so entsteht ein Niederschlag, der allmählich wieder verschwindet. Bei der Dialyse der Lösung bleibt im Dialysator eine opalisierende Flüssigkeit zurück. Das Das darin enthaltene Hydrosol wird beim Erhitzen fast vollkommen in das Gel verwandelt.

Beim Zusatz von Salpetersäure zu einer Lösung des Ceroacetats entsteht ein Nitrat, dessen Kation ein komplexes Triceriumtriacetat $[Ce_3(CH_3COO)_3]^{VI}$ ist. Ein Reihe ähnlicher Verbindungen sind bekannt[2]).

Die Acetylacetonate. Die Acetylacetonate werden durch Zusatz einer Lösung von Acetylaceton in Ammoniak zur Lösung des neutralen Chlorids oder Nitrats oder durch Digerieren des Hydroxyds mit Acetylaceton hergestellt. So erhält man z. B. das $Ce(CH_3COCHCOCH_3)_3$, $3\ H_2O$, woraus beim Krystallisieren aus Alkohol das wasserfreie Salz entsteht. Dargestellt sind die Acetylacetonate des La, Pr, Nd, Sm und Sc[3]). Sie sind in verschiedenen organischen Lösungsmitteln, wie z. B. Chloroform, Benzol, Acetylaceton, Kohlenstofftetrachlorid, Schwefelkohlenstoff, löslich. Folgende Zusammenstellung zeigt die Schmelzpunkte der Acetylacetonate $(R[C_5H_7O_2]_3)$:

Tabelle 32.

La	151°	Nd	144—146°
Ce	145°	Sm	146—147°
Pr	146°	Sc	187—187,5°

Das Scandiumacetylacetonat läßt sich bei 200° im Vakuum unzersetzt sublimieren, eine Eigenschaft, die zur Trennung des Scan-

---

[1]) VESTERBERG: Z. anorg. Chem. Bd. 94, S. 371. 1916.
[2]) WEINLAND u. HENRICHSON: Ber. d. Dtsch. chem. Gesellsch. Bd. 56, S. 528. 1923.
[3]) MEYER, R. J.: l. c. — MORGAN u. MOSS: Journ. Chem. Soc. Bd. 105, S. 189. 1914. — BARKER: Journ. Chem. Soc. Bd. 119, S. 1058. 1921.

diums benützt wurde[1]). Es krystallisiert in langen glänzenden Prismen.

Die Acetylacetonate sind koordinativ gesättigte innere Komplexsalze[2]) von der Formel

$$\left[Me\begin{pmatrix} O \cdot C{\diagup}^{CH_3} \\ O : C{\diagdown}_{CH_3} \end{pmatrix}_3\right]$$

Die leicht erfolgende Addition von Ammoniak, Anilin, Pyridin und Acetonitril an die Acetylacetonate der seltenen Erden wird dadurch bedingt, daß der bezüglich des seltenen Erdelementes koordinativ gesättigte Acetylacetonatkomplex noch als solcher freie Affinitätsbeträge besitzt, welche durch die erwähnten Additionsreaktionen zur Absättigung gelangen. Im Zusammenhange mit dieser Additionsfähigkeit der Acetylacetonate der seltenen Erden steht auch ihre Polymerisationsfähigkeit, sie zeigen ja in Tetrachlorkohlenstoff bzw. Schwefelkohlenstoff doppelte Molekulargewichte (BILTZ).

Die seltenen Erden zeigen auch mit anderen 1,3-Diketonen Additionsfähigkeit[3]); so wurde das La- und das Y-Dibenzoylmethan dargestellt. Während die La-Verbindung 1 Mol. NH_3 addieren konnte, also $La(C_{15}H_{11}O_2)_3 \cdot NH_3$ entstand, gelang es beim Y-Salz nicht, Ammoniak zu addieren.

Die Glykolate. Dargestellt sind die Glykolate $Me\begin{pmatrix} OOC \\ | \\ HOCH_2 \end{pmatrix}_3$ der 5 ersten Lanthanide sowie des Gd und Y[4]). Die ersteren krystal-

Tabelle 33. Löslichkeit der Glykolate bei 20°.

	g Mol. gelöst in 1 l Wasser · 10^2		g Mol. gelöst in 1 l Wasser · 10^2
$La(C_2H_3O_3)_3$	0,9142	$Nd(C_2H_3O_3)_3$	1,247
$Ce(C_2H_3O_3)_3$	0,9753	$Gd(C_2H_3O_3)_3$ 2 H_2O .	1,697 3,381
$Pr(C_2H_3O_3)_3$	0,9786	$Y(C_2H_3O_3)_3 \cdot 2 H_2O$.	0,6991

[1]) URBAIN, P. und G.: Cpt. rend. hebdom. des séances de l'acad. des sciences Bd. 174, S. 1310. 1922.
[2]) JANTSCH u. MEYER: Ber. Bd. 53, S. 1577. 1920.
[3]) JANTSCH, G. u. E. MEYER: l. c.
[4]) JANTSCH, G. u. A. GRÜNKRAUT: Z. anorg. Chem. Bd. 79, S. 305. 1913; vgl. auch C. JAMES, F. M. HOBEN und C. H. ROBINSON: Journ. of the Americ. chem. soc. Bd. 34, S. 276. 1912; — PRATT, L. H. u. C. JAMES: ebenda Bd. 33, S. 1330. 1911.

lisieren in zu Krusten vereinigten harten Krystallkörnern, die letzteren in feinen weichen Nadeln, die ersteren wasserfrei, die letzteren mit 2 Mol. Wasser. Sie werden durch Auflösen des Oxyds oder Hydroxyds in Glykolsäure dargestellt. Gemessen ist die Löslichkeit und auch die Äquivalentleitfähigkeit der Glykolate.

Die Lactate. Die Lactate werden durch Zusatz von Bariumlactat zu der Lösung der Sulfate der seltenen Erden oder durch Lösen der Carbonate in Milchsäure in der Siedehitze dargestellt. Von allen Erden, deren Glykolat dargestellt ist, kennt man auch, mit Ausnahme des Ceriums, die entsprechenden Lactate, auch deren Löslichkeit und Äquivalentleitfähigkeit ist bekannt[1]). Sie sind gleichfalls als innere Komplexsalze zu betrachten und sind noch etwas weniger dissoziiert als die Glykolate. Sie bilden verschiedene Hydrate. Das Lanthansalz geht bei 13° in ein Hexahydrat über.

Tabelle 34. Löslichkeit der Lactate bei 20°.

	g Mol. gelöst in 1 l Wasser $\cdot 10^2$		g Mol. gelöst in 1 l Wasser $\cdot 10^2$
$La(C_3H_5O_3)_3 \cdot 3H_2O$ ..	8,82	$Sm(C_3H_5O_3)_3 \cdot 1^1/_2 H_2O$.	2,58
$Pr(C_3H_5O_3)_3 \cdot 3H_2O$ ..	5,40	$Gd(C_3H_5O_3)_3 \cdot 1^1/_2 H_2O$.	0,85
$Nd(C_3H_5O_3)_3 \cdot 2^1/_2 H_2O$.	5,42	$Y(C_3H_5O_3)_3 \cdot 2H_2O$ . . .	0,28

Während das Gadoliniumglykolat zu den am leichtesten löslichen Glykolaten gehört, ist das Gadoliniumlactat den am schwersten löslichen Lactaten einzureihen. Dieser Unterschied im Verhalten der Gadoliniumverbindungen kann bei der Abtrennung des Gadoliniums mit Erfolg ausgenutzt werden.

Außer den besprochenen findet sich in der Literatur eine große Zahl von Verbindungen namentlich der 5 ersten Lanthanide beschrieben, wie die Selenate, Selenite, Chromate, Molybdate, Wolframate, Silicate, Äthylsulfate, Benzilate, Phthalate, Sebacinate, Pikrate usw.

Die Eigenschaften des Actiniums.

Das Actinium steht im selben Verhältnis zum Lanthan, wie etwa das Radium zum Barium, der Grad der Verwandtschaft ist demnach zwischen diesen 2 Elementen wesentlich geringer als

---

[1]) JANTSCH, G.: Z. anorg. Chem. Bd. 153, S. 9. 1926.

der zwischen zwei benachbarten Lanthaniden. Während das Lanthan der weniger basische Nachbar des Actiniums ist, ist das Calcium der basischere Nachbar, und bei der Abtrennung des Actiniums folgt dieses Element zum Teil dem Lanthan und zum Teil dem Calcium. In reinem Zustande ist das Actinium bis jetzt nicht dargestellt worden, wohl in erster Linie infolge seiner großen Seltenheit; um 1 g Actinium herzustellen, wären etwa 300 mal so große Uranerzmengen erforderlich, als zur Gewinnung von 1 g Radium. Die große Seltenheit des Actiniums ist zum Teil seiner kurzen Lebensdauer (Halbwertszeit etwa 20 Jahre) und zum Teil dem Umstand zuzuschreiben, daß das Actinium in einer Abzweigung der Zerfallsreihe des Urans liegt. Während fast jedes Uranatom bei seiner sukzessiven Umwandlung zeitweise als Radiumatom vorliegt, wandeln nur rund 3% der Uranatome sich in Actiniumatome um.

Es ist ferner ein noch kurzlebigeres Isotop des Actiniums bekannt, das Mesothor 2, mit der Halbwertszeit von 6 Stunden.

C. Die nicht dreiwertigen Verbindungen der seltenen Erdelemente.

Die Hauptvalenz der seltenen Erdelemente ist 3, d. h. nach der Abspaltung von 3 Valenzelektronen erlangen ihre Atome einen edelgasähnlichen Aufbau. Das einzige 4_1-Elektron des Ce ist jedoch so schwach gebunden, daß es leicht mit den 3 äußeren Valenzelektronen gleichzeitig abgespalten wird, wodurch das 4-wertige Ceriumion entsteht. Auch vom Praseodym und vom Terbium sind höherwertige Oxyde bekannt, jedoch sonst keine höherwertigen Verbindungen. Von Samarium und Europium kennen wir ferner auch 2-wertige Verbindungen.

1. Verbindungen des 4-wertigen Ceriums.

Der Aufbau des 4-wertigen Ceriumions (vgl. S. 14) erinnert durchaus an den des Thoriums oder Zirkoniums, und die Chemie des 4-wertigen Ceriums gehört konsequenterweise in die der Thoriumgruppe. Die nahe Wechselwirkung zwischen Cero- und Ceriverbindungen macht es jedoch erwünscht, die Eigenschaften der letzteren auch an dieser Stelle zu besprechen.

Cerioxyd. CeO_2 entsteht beim Glühen sowohl von Cero- wie Ceriverbindungen, deren Säurerest flüchtig ist, sowie durch Glühen des Oxyds an der Luft oder beim Verbrennen des Metalls. Es ist weiß[1]) oder schwach gelb gefärbt. Die Angaben über sein spez. Gewicht variieren zwischen 6,4 und 7,9. Es wird durch Aluminium oder Magnesium zu Metall reduziert. Es krystallisiert regulär, die Atomanordnung entspricht dem Fluorittypus, a = 5,402[2]), d = 7,18. Salzsäure und Salpetersäure greifen es nicht an, durch die Einwirkung von Schwefelsäure wird es in Sulfat übergeführt. Es verhält sich demnach wie das ZrO_2 oder ThO_2, nur läßt sich das CeO_2 leicht reduzieren, z. B. durch Wasserstoffperoxyd, Zinnchlorür oder Hydrochinon, und in reduziertem Zustande ist es dann auch in HCl und HNO_3 löslich. Beim Behandeln des CeO_2 im Wasserstoffstrom bei hoher Temperatur, oder beim Glühen im Vakuum entsteht das dunkelblaue Ce_4O_7. An der Luft erwärmt, geht diese Substanz unter Aufglühen in CeO_2 über.

Cerihydroxyd. Durch Ammoniak und Alkalilauge wird aus der Lösung von Cerisalzen $Ce(OH)_4$ gefällt. Aus den Cerosalzlösungen gefälltes $Ce(OH)_3$ wird an der Luft allmählich oxydiert. Das $Ce(OH)_4$ fällt als gelblicher, schleimiger Niederschlag aus[3]), es ist in Salpetersäure unter Bildung einer roten Flüssigkeit löslich. In Gegenwart von Wasserstoffsuperoxyd fällen Ammoniak und Alkalilaugen ein rotbraunes Cerperoxydhydrat, das sowohl vom analytischen, wie vom präparativen Standpunkte aus wichtig ist (vgl. S. 88).

Cerifluorid. CeF_4, H_2O wird als eine braune Substanz beschrieben, die beim Auflösen von $Ce(OH)_4$ in Flußsäure entsteht. $2 CeF_4$, $3 KF$, $2 H_2O$, das beim Auflösen der letzterwähnten Verbindung in einer KHF_2-Lösung erhalten wird, ist in Wasser unlöslich.

Cerichlorid. Diese Verbindung ist in freiem Zustande nicht bekannt, beim Auflösen von Ceriverbindungen in kalter Salzsäure entsteht aber eine dunkelrote Lösung, vermutlich H_2CeCl_6, die sich leicht unter Chlorabgabe zersetzt. Verschiedene Verbindungen dieser Säure, wie $(C_9H_7NH)_2CeCl_6$ und $(C_5H_5NH)_2CeCl_6$, sind bekannt. Cerioxychlorid wurde bei der Elektrolyse von geschmolzenem, nicht ganz entwässertem $CeCl_3$ erhalten[4]).

---

[1]) SPENCER: Trans. Chem. Soc. Bd. 107, S. 1265. 1915.
[2]) GOLDSCHMIDT, ULRICH u. BARTH: Osloer Akad. Ber. Nr. 5. 1925.
[3]) Über das Verhalten des kolloidalen Cerhydroxyds siehe FERNAU u. PAULI: Kolloid-Zeitschr. Bd. 20, S. 20. 1917. — KRUYT u. VAN DER MADE: Receuil de travaux chim. des Pays-Bas Bd. 42, S. 277. 1923.
[4]) ARNOLD: Z. f. Elektrochem. Bd. 24, S. 137. 1918.

Cerisulfat. Das Cerisulfat entsteht durch Einwirkung von Schwefelsäure auf CeO_2 oder beim Schmelzen dieser Verbindung mit Kaliumbisulfat. Die gelbe Substanz ist in Wasser leicht löslich, die Lösung wird bei Schwefelsäurezusatz dunkelrot. Lösungen des Cerisulfats, wie die aller Cerisalze, neigen zu Hydrolyse, es entsteht das basische CeO_2, SO_3, $2 H_2O$[1]). Beim Einengen einer Lösung von CeO_2 in halbkonzentrierter Schwefelsäure fällt zuerst das saure Cero-Cerisulfat in dunkelroten, hexagonalen Krystallen aus, dann $Ce(SO_4)_2$, $4 H_2O$. Aus verdünnten, gekühlten Lösungen von Cerisulfat scheidet sich nach 1—2tägigem Stehen das hellgelbe $4 CeO_2$, $3 SO_3$, $12 H_2O$ aus, während aus konz. Lösung ein basisches Salz anderer Zusammensetzung, $2 CeO_2$, $3 SO_3$, $4 H_2O$, ausfällt. Mit Alkalisulfaten, Ammoniumsulfat, Thalliumsulfat, Wismutsulfat[2]) und Silbersulfat[3]) bilden sich Doppelsalze. Das Kaliumdoppelsalz hat die Zusammensetzung $Ce(SO_4)_2$, $2 K_2SO_4$, $2 H_2O$.

Cerisulfid. Beim Erwärmen von wasserfreiem $Ce(SO_4)_2$ in H_2S-Strom entsteht ein bräunliches Cerisulfid, das sich in 18%iger HCl unter Schwefelabscheidung und Schwefelwasserstoffentwicklung löst und vermutlich ein Polysulfid Ce_2S_3S ist. Es zerfällt bei 720° in Cerosulfid und Schwefel.

Cerinitrat. Das normale Nitrat ist nicht bekannt. Beim Auflösen des $Ce(OH)_4$ in konz. Salpetersäure und Eindampfen der Lösung entsteht ein basisches Nitrat, $CeOH(NO_3)_3$, $3 H_2O$. Die rote Verbindung ist in Wasser löslich unter Säureabspaltung; infolge fortschreitender Hydrolyse entfärbt sich die Lösung allmählich. Beim Zusatz von Salpetersäure wird eine frisch bereitete Lösung sofort, eine ältere Lösung nur ganz allmählich dunkelrot gefärbt. Dieses Verhalten ist typisch für alle Lösungen von Cerisalzen. Mit $(NH_4)NO_3$ und Alkalinitraten bildet das Cerinitrat gut krystallisierende, leuchtend rote, in Wasser und Alkohol leicht lösliche Verbindungen. Das recht beständige Ammoniumsalz $(NH_4)_2Ce(NO_3)_6$ ist in konz. Salpetersäure ziemlich schwer löslich und eignet sich vorzüglich zur Trennung des Ceriums von den begleitenden Ceriterden, deren Doppelnitrate in Salpetersäure

---

[1]) SPENCER: Trans. Chem. Soc. Bd. 107, S. 1267. 1915.
[2]) CUTTICA: Gazz. chim. ital. Bd. 53, S. 761. 1923.
[3]) POZZI-ESCOT: Cpt. rend. hebdom. des séances de l'acad. des sciences Bd. 156, S. 1074. 1913.

leicht löslich sind (vgl. S. 65). Das Doppelnitrat kann auch durch elektrolytische Oxydation des Ceronitrats in Gegenwart von Ammoniumnitrat gewonnen werden. Oberhalb 60° beginnt sich die Lösung der Doppelnitrate unter Bildung von Ceronitrat etwas zu zersetzen. Das Cerinitrat bildet mit einer großen Zahl 2-wertiger Metallnitrate, wie mit denen des Ni, Co, Zn, Mg, Mn, schön gefärbte Doppelsalze.

Alkalipercercarbonate. Man fügt zu einer H_2O_2-haltigen, gesättigten K_2CO_3-Lösung eine Lösung von Ammoniumceronitrat, erwärmt eine zeitlang bis 60°, kühlt auf 0° unter Durchleiten von CO_2 und entfernt das ausgefallene $KHCO_3$. Läßt man jetzt die Lösung einige Tage lang bei 5° stehen, so krystallisiert das Kaliumpercercarbonat $4 K_2CO_3$, $Ce_2O_4(CO_3)_2$, $12 H_2O$. Analoge Ammonium-, Natrium- und Rubidiumverbindungen sind gleichfalls bekannt[1]). Percerverbindungen von Cerisalzen ausgehend darzustellen, ist nicht gelungen.

Der Übergang Cero ⇄ Ceri. Infolge der Neigung des 4-wertigen Cers, eine Ladung abzugeben, zersetzt sich eine wässerige Lösung von $CeCl_4$ sofort in $CeCl_3$ und Chlor, auch neutrales Cerinitrat ist nicht beständig, während $Ce(SO_4)_2$ das Wasser nur sehr langsam unter Sauerstoffentwicklung zersetzt. Deshalb kann Cerosulfat anodisch vollständig zu Cerisulfat oxydiert werden. Auch durch Kochen mit Ammonium- oder Kaliumpersulfat wird in schwach saurer Lösung Cerosulfat zu Cerisulfat oxydiert. Eine frisch bereitete Cerisalzlösung wird durch Zusatz von Wasserstoffsuperoxyd unter Sauerstoffentwicklung sofort reduziert. Eine alte, also zum Teil hydrolysierte Cerisalzlösung wird bei H_2O_2-Zusatz zuerst unter Bildung von höheren Oxydationsstufen des Cers tief dunkelrot gefärbt, und die Reduktion tritt erst später allmählich ein. Das Cerisulfat eignet sich gut als Oxydationsmittel organischer Verbindungen, wie z. B. zur Oxydation von Anthracen zu Anthrachinon.

Das Potential des Überganges $Ce^{+++} \to Ce^{++++}$ bezogen auf die Normalwasserstoffelektrode beträgt $E_H = + 0,063$ Volt, wenn das Verhältnis der potentialbestimmenden Ionen gleich 1 ist, als Lösungsmittel eine 50proz. K_2CO_3-Lösung dient und die Gesamtkonzentration der Lösung an Ceriummetall 0,066 Mol./Liter ist[2]).

---

[1]) MELOCHE: Journ. of the Americ. chem. soc. Bd. 34, S. 2645. 1915.
[2]) FÖRSTER: Elektrochemie wässeriger Lösungen. Leipzig 1915, S. 217.

Zusammenfassend läßt sich feststellen, daß die Eigenschaften des 4-wertigen Ceriums weitgehend an die des Thoriums bzw. Zirkoniums erinnern, wie das der weitgehend analoge Aufbau der Ionen Ce^{++++}, Th^{++++} und Zr^{++++} verlangt, daß aber durch den leichten Übergang der Ceri- in Ceroionen, die naturgemäß ein ganz anderes Verhalten zeigen, dieser Tatbestand oft stark verschleiert wird.

2. Die höheren Oxyde des Praseodyms und Terbiums.

Durch Glühen von Praseodymsalzen flüchtiger Säuren an der Luft entsteht das schwarze Pr_6O_{11}. Durch Reduktion dieses Oxyds im Wasserstoffstrom entsteht das Praseodymsesquioxyd[1]). Erhitzt man das Pr_2O_3 lange Zeit hindurch bei 300° im Sauerstoffstrom, so entsteht Praseodymdioxyd. Das letztere kann auch durch Schmelzen des Pr_6O_{11} mit Natriumchlorat erhalten werden. Das wasserfreie Praseodymdioxyd ist ein schwarzes, mikrokrystallinisches Pulver, das sich in seinem Aussehen von dem Pr_6O_{11} nicht unterscheidet. Gegen Wasser und Säuren zeigen beide Oxyde dasselbe Verhalten, verd. HCl, HBr und HJ lösen sie in der Kälte langsam auf, HNO_3 und H_2SO_4 reagieren unter Entwicklung von ozonhaltigem Sauerstoff. Die Dichte von Pr_6O_{11} beträgt bei 20° 6,61, die des PrO_2 6,82. Die Gitterkonstante[2]) der beiden Oxyde beträgt 5,525 und 5,362. Die Lösungswärmen[1]) der 3 Oxyde in Salpetersäure sind die folgenden:

$1/2\ Pr_2O_3$ 54,75 K-cal,

$1/6\ Pr_6O_{11}$ 45,1 K-cal,

PrO_2 42,86 K-cal.

Beim Erhitzen dissoziiert das PrO_2 in Pr_6O_{11} und Sauerstoff. Auch mit Säuren reagiert es unter Sauerstoffentwicklung und bildet mit ihnen keine Salze. PRANDTL hält es für wahrscheinlich, daß ebenso wie Pr_6O_{11}, das eine Verbindung von Pr_2O_3 und einer höheren Oxydationsstufe des Praseodyms ist, auch das PrO_2 eine Verbindung von 2 Oxyden, nämlich von Pr_2O_3 und Pr_2O_5 darstellt.

---

[1]) PRANDTL u. HUTTNER: Z. anorg. Chem. Bd. 149, S. 235. 1925; vgl. auch PAGEL, H. A.: Journ. of the Americ. chem. soc. Bd. 45, S. 1560. 1923.

[2]) GOLDSCHMIDT: Osloer Akad. Ber. 1926, Nr. 2, S. 38.

Beim Glühen von Terbiumoxalat oder beim Erwärmen des Sulfats bis zu 1600° entsteht ein dunkelbraunes bzw. schwarzes Oxyd von etwas größerem Sauerstoffgehalt als der Verbindung Tb_4O_7 entspricht. Hoch erhitzt verliert diese Verbindung Sauerstoff[1]). Womöglich liegen hier ähnliche Verhältnisse wie beim Praseodym vor. Es hat ebenso wie die schwarzen Praseodymoxyde denselben Gittertypus wie CeO_2; $a = 5{,}278$[2]). Auch vom Lanthan ist ein Peroxyd bekannt, es fällt beim Zusatz von Ammoniak zu einer H_2O_2-haltigen Lösung eines Lanthansalzes aus und soll die Formel La_2O_5, n H_2O haben. Lanthanoxyd vermag in reinem Zustande keinen Sauerstoff aufzunehmen, in Gegenwart einer aktivierenden Substanz, wie es z. B. das CeO_2 ist, hat man jedoch eine Sauerstoffaufnahme feststellen können[3]).

3. Verbindungen des 2-wertigen Samariums und Europiums.

Die Dichloride des Sm und Eu wurden durch Erwärmen des trockenen Trichlorids im Wasserstoffstrom erhalten. Das $SmCl_2$ (MATIGNON) entsteht auch durch Reduktion des Trichlorids mit Aluminium, es ist eine rotbraune krystallinische Masse (d = 3,687). In organischen Lösungsmitteln ist es unlöslich, in Wasser löst es sich unter sofortiger Wasserstoffentwicklung und Zersetzung zu Oxyd und Oxychlorid. Das $EuCl_2$[4]) ist weiß, es ist stabiler als das $SmCl_2$ und seine wässerige Lösung oxydiert sich erst beim Kochen der Lösung, wobei das normale Chlorid und das Oxyd entsteht.

Man kennt ferner das SmJ_2 (MATIGNON), das durch Erwärmen des wasserfreien Chlorids in Jodwasserstoff in orangefarbigen Krystallen erhalten wurde.

---

[1]) URBAIN u. JANTSCH: Cpt. rend. hebdom. des séances de l'acad. des sciences Bd. 146, S. 127. 1908.

[2]) GOLDSCHMIDT, ULRICH u. BARTH: Osloer Akad. Ber. 1925, Nr. 7, S. 38.

[3]) Über die Wirkung von Ceriumzusatz auf die Sauerstoffaufnahme von Praseodymoxyd vgl. PRANDTL u. HUTTNER: l. c.

[4]) URBAIN u. BOURION: Cpt. rend. hebdom. des séances de l'acad. des sciences Bd. 153, S. 11555. 1911.

III. Der analytische Nachweis der seltenen Erden.

A. Die qualitative Analyse.

Abgesehen vom Falle des Ceriums[1]), und im gewissen Grade auch von dem des Scandiums[2]), kennen wir keine die einzelnen Erden charakterisierende rein chemische Reaktion[3]). Die einzige allgemeine qualitative Nachweismethode der seltenen Erden ist die spektrale, die Erzeugung des Bogen- oder Funkenspektrums, oder die Identifizierung von Röntgenemissionslinien oder Absorptionskanten. Zu diesen Methoden allgemeiner Anwendbarkeit kommen noch die nicht allgemein anwendbaren Methoden der Phosphorenzspektra und der optischen Absorptionsspektra; von ihnen wurden namentlich die letzteren von den mit den seltenen Erden sich beschäftigenden Chemikern vielfach angewandt, denn sie sind einfach durchzuführen und die Mehrzahl der Erden sind ja gefärbt, also dieser Methode zugänglich.

1. Optische Emissionsspektra. Bogen und Funkenspektra.

Bei der Erzeugung des Bogenspektrums erzeugt man einen Lichtbogen zwischen Graphit, Gold, Silber oder anderen Elektroden und bringt die zu untersuchende Substanz in einer Vertiefung der unteren Elektrode unter, oder man tränkt die Elektrode mit der Lösung der zu untersuchenden Probe. Bei der Erzeugung des Funkenspektrums[4]) läßt man gewöhnlich den Funken zwischen einer Lösung der zu untersuchenden Substanz und einer Platin- oder Goldelektrode überspringen. Auf derselben Platte, auf welcher das Spektrum der zu untersuchenden Substanz aufgenommen wird, photographiert man auch ein Vergleichsspektrum, etwa das des Eisens, was die Ausmessung der Linien wesentlich erleichtert. Die Bogen- und Funkenspektra der seltenen Erden sind außerordentlich linienreich; so wurden im Dysprosium-

---

[1]) Über den Nachweis des Ceriums vgl. S. 88.
[2]) Auf Grund der Leichtlöslichkeit des Ammoniumscandiumfluorids (vgl. S. 106).
[3]) Eine Ausnahme bildet das Lanthan, das durch die Blaufärbung, die das aus der Lösung des Acetats mit Ammoniak gefällte Hydroxyd mit festem Jod gibt, nachgewiesen werden kann.
[4]) AUER V. WELSBACH: Ann. Physik Bd. 71, S. 1. 1923.

spektrum[1]) über 3000, im Yttriumspektrum[2]) über 2000 Linien gemessen.

Der außerordentlich große Linienreichtum vieler Spektra erschwert die Identifizierung kleinerer Mengen der seltenen Erden mit Hilfe ihres optischen Spektrums. Doch läßt sich diese Schwierigkeit durch Aufsuchen der stärksten, dem vermuteten Elemente zugehörigen Linie umgehen, sowie auch der „ausharrendsten" Linie des betreffenden Spektrums, d. h. der, die bei der Verdünnung der Substanz zuletzt verschwindet[3]). Findet man zum Beispiel im untersuchten Spektrum die ziemlich schwache Linie 3468,0 Å.-E., die einer Yttriumlinie entspricht, so könnte die Linie aber auch dem Tb (3468,2), dem Th (3468,4), dem Cd (3467,8) oder Gd (3467,4) zukommen, wobei wir eine beschränkte Meßgenauigkeit von einigen Zehnteln einer Ångströmeinheit voraussetzen wollen. Kommt die erwähnte Linie tatsächlich dem Yttrium zu, so muß die stärkste Yttriumlinie (3710,3) viel stärker auf der Platte wahrnehmbar sein, und da diese gleichzeitig die „ausharrendste" Linie des Yttriumspektrums ist, beim Verdünnen der Probe zuletzt verschwinden. Tabelle 35 zeigt die stärkste Linie[4]) des mit einem Crown-Uviol-Spektrographen auf-

Tabelle 35.
Die intensivsten Linien des Funkenspektrums der seltenen Erden.

Sc*)	 3613,8	Gd.	. . . 3768,5
Y*)	 3710,3	Tb.	. . . 3848,9, 3847,3, 3977,0
La*)	 3949,1	Dy	. . . 4211,9, 4957,6
Ce*)	. . . . . . 4040,8, 4012,4	Ho	. . . 3456,2, 3448,3, 3891,2
Pr	. . . . . . 4206,8, 4429,4	Er*).	. . . 3372,9, 3906,5, 4419,8
Nd*)	. . . . . . 4303,6, 4177,3	Tu	. . . 3131,4
Sm	. . . . . . 4424,5, 4391,1	Yb*)	. . 3289,5 †)
Eu*)	 4129,8	Cp.	. . . 6222,1

†) Die ausharrendste Linie hat die Wellenlänge 3694,2.

---

[1]) EXNER u. HASCHEK: Die Spektren der Elemente. Leipzig 1912.
[2]) EDER u. VALENTA: Atlas typischer Spektren. Wien 1911. — EDER: Ann. Physik Bd. 71, S. 12. 1923.
[3]) Atomtheoretisch sind die ausharrendsten Linien dadurch charakterisiert, daß sie fast ausnahmslos durch einen Übergang zu den tiefsten Energieniveaus, also zum Normalzustand des ionisierten Atoms entstehen.
[4]) EXNER u. HASCHEK: l. c. — KIESS, C. C., B. S. HOPKINS u. K. C. KREMERS: J. Frankl. Inst. Bd. 192, S. 802. 1921.

genommenen Funkenspektrums der einzelnen seltenen Erden, für die mit einem Stern bezeichneten Erden ist auch die ausharrendste Linie[1]) bestimmt worden; sie fällt, vom Falle des Yb abgesehen, mit der stärksten Linie zusammen.

Tab. 36. Das quantitative Spektrum des Yttriumchlorids.

Wellenlänge	Intensität und Ausharrungsgrad	Wellenlänge	Intensität und Ausharrungsgrad
5648,7	5 b	4643,8	4 b
5582,1	5 b	4527,4	3 b
5544,8	5 b	4422,8	10 b
5497,6	5 b	4375,1	100 d
5466,7	6 b	4309,8	20 b
5403,0	4 b	4177,7	50 b
5205,9	6 b	4143.0	7 b
5087,6	5 c	4128,5	7 b
4900,3	6 c	4102,5	6 b
4883,9	6 c	3982,7	20 b
4855,1	6 b	3833,0	20 b
4675,0	4 b	3788,8	20 b

Wir führen ferner in der Tabelle 36 das „quantitative" Funkenspektrum des YCl_3 an, die in der Klammer befindliche Zahl zeigt die relative Intensität der Linie an, die Buchstaben die Konzentrationen der Lösung, bei welcher das Funkenspektrum noch die betreffende Linie zeigt.

a entspricht einer Konzentration		bis	1%
b ,,	,, ,,	,,	0,1%
c ,,	,, ,,	,,	0,01%
d ,,	,, ,,	,,	0,001%

Die Gegenwart gewisser Erden gibt sich übrigens beim Durchgang des Lichtbogens schon dem bloßen Auge leicht erkennbar, kleine Mengen Y färben den Lichtbogen prächtig feuerrot, Sm rosenrot, Gd carminrot, Tb gelblichweiß, Er gelblichgrün, Yb grün, Cp blaugrün und Eu färbt sogar die Bunsenflamme prächtig rot.

---

[1]) Notice Sommaire sur les travaux scientifiques de M. A. DE GRAMONT (Paris 1910). — Ferner F. TWYMAN: Wavelength Tables for Spectrum Analysis. London 1923. — G. MEYER (Phys. Z. Bd. 22, S. 583. 1921) findet, daß man 0,01 mg Ce, Pr oder Nd im Kubikzentimeter und halb so viel La noch nachweisen kann.

Die qualitative Analyse. 83

2. Röntgenspektra.

Im Gegensatze zum optischen Spektrum zeichnet sich das Röntgenspektrum durch eine große Einfachheit aus. Steht ein Röntgenspektrograph zur Verfügung, so wird man die Identifizierung einer Erde mit Hilfe von Röntgenlinien dem optischen Nachweis vorziehen. Das Aufsuchen des L-Spektrums gelingt bereits mit einem Spannungsaufwand von etwa 20 000 Volt, wegen der Weichheit der L-Strahlung muß aber die Untersuchung im Vakuumspektrographen ausgeführt werden; dies gilt nicht für die härtere K-Strahlung, doch erfordert deren Anregung wesentlich höhere Spannungen[1]).

Wollen wir z. B. die Gegenwart von Europium in einem Präparate nachweisen, so werden wir am zweckmäßigsten die stärkste Linie des L-Spektrums, die Eu-α_1-Linie aufsuchen, deren Wellenlänge 2116,33 X-Einheiten (1 X = 0,001 Å) beträgt. Das Auftreten dieser Linie beweist aber noch nicht das Vorhandensein von Europium im Präparate, denn ihre Verwechslung mit der Praseodym-β_2-Linie (2115) oder mit der Rhodium-L_{β_6}-Linie zweiter Ordnung (2115) oder der Gold-M_5N_5-Linie in zweiter Ordnung könnte vorliegen. Ist das Eu in nicht allzu geringen Mengen anwesend, so wird neben der α_1-Linie die etwa 10mal schwächere α_2-Linie auftreten, also das α-Dublett des Eu auf der Platte sichtbar sein, dessen Auftreten schon ein nahezu entscheidender Beweis des Vorliegens von Europium ist. Will man sich eine weitere Sicherheit verschaffen, so sucht man die β_1-Linie auf, die mit einer etwa halb so großen Intensität zu erscheinen hat wie die α_1-Linie. Neben der Lage der Linien bildet so das Intensitätsverhältnis eine sehr wichtige Kontrolle des Ergebnisses der Röntgenanalyse. Es sei noch bemerkt, daß, falls Dysprosium im Präparat vorhanden ist, dies die Identifizierung der β_1-Linie stört, denn die Eu-β_1- (1916,3) und Dy-α_2- (1915,6) Linien fallen zusammen. Die Gegenwart des Dy wird sich aber sofort durch das Auftreten der 10mal stärkeren α_1-Linie äußern. Ist das der Fall, so muß man auf die β_1-Linie verzichten und die allerdings etwa 2,5mal schwächere β_2-Linie aufsuchen.

Auch durch Untersuchung der Absorption der Röntgenstrahlen

---

[1]) SIEGBAHN, M.: Spektroskopie der Röntgenstrahlen. Berlin 1924. — Über die K-Linien, CORK und STEFENSON: Phys. Rev. Bd. 27, S. 532. 1926.

Tabelle 37. Wellenlängen der

	57 La	58 Ce	59 Pr	60 Nd	62 Sm	63 Eu	64 Gd
l	3000	—	2778,1	2670,3	2477,0	2390,3	2307,1
α_2 ...	2668,93	2565,11	2467,63	2375,63	2205,68	2127,33	2052,62
α_1 ...	2659,68	2556,00	2457,70	2365,31	2195,01	2116,33	2041,93
η ...	2734	2614,7	2507	2404,2	2214	—	—
β_4 ...	2443,8	2344,2	2250,1	2162,2	1996,4	1922,1	1849,3
β_6 ...	2373,9	2276,9	2185,9	2099,3	1942,2	1870,5	1803,1
β_1 ...	2453,30	2351,00	2253,9	2162,21	1993,57	1916,31	1842,46
β_{13} ...	—	—	—	—	1987,1	1909,2	1835,5
β_3 ...	2405,3	2305,9	2212,4	2212,2	1958,0	1882,7	1810,9
β_{14} ...	—	2212,1	2122,0	2038,8	1885,1	1781,4	1748,1
β_2 ...	2298,0	2204,1	2114,8	2031,4	1878,1	1808,2	1741,9
β_{11} ...	—	—	—	—	—	—	—
β_{12} ...							
β_{10} ...	2285	2191,6	2102,5	2019,3	1865,7	1796	1728,1
β_9 ...	2277	2184,0	2095,8	2011,7	1858,1	1788	—
β_8 ...	—	—	—	—	—	—	—
β_7 ...	2270	2176,3	2087,4	2004,3	1852,3	1784	1719,6
β_5 ...	—	—	—	—	—	—	—
γ_5 ...	2200,8	2105,6	2016,1	1931,3	1775,1	1705	1637,6
γ_9 ...	—	2051	1962,2	1880,4	1728,5	1659,3	1593,6
γ_1 ...	2137,20	2044,33	1956,81	1873,83	1723,09	1654,3	1558,63
γ_6 ...	—	—	—	—	—	—	—
γ_7 ...	—	2029	1942,2	1859	—	1644	—
γ_8 ...	—	2019	1932,2	—	—	1629	—
γ_{10} ...	2048,1	1962,3	1881,1	—	—	—	—
γ_2 ...	2041,6	1955,9	1875,0	1797,4	1655,9	1593,9	1531,0
γ_3 ...	2036,5	1950,9	1869,9	1792,5	1651,7	1587,7	1525,9
γ_4 ...	1978,7	1895,2	1815,3	1740,8	1603,3	—	1481,8

Tabelle 38. Wellenlängen der

	57 La	58 Ce	59 Pr	60 Nd	62 Sm	63 Eu
L_1	1968,9	1885,6	1807,1	1731,7	1595,4	1533,3
L_2	2098,9	2006,7	1920,1	1839,1	1699,1	1622,8
L_3	2253,7	2159,7	2072,8	1990,7	1840,8	1771,7

Die qualitative Analyse.

L-Serie. Emissionslinien.

65 Tb	66 Dy	67 Ho	68 Er	69 Tu	70 Yb	71 Cp	39 Y
2229,0	2154,0	2082,1	2015,1	1951,1	1890,0	1831,8	—
1982,3	1915,64	1852,06	1791,40	1733,9	1678,9	1626,36	—
1971,49	1904,60	1840,98	1780,40	1722,8	1667,79	1615,51	$\begin{cases}6434,9\ \alpha_1\\6406,5\ \alpha_3\end{cases}$
—	1892,2	1822,0	1754,8	1692,3	1631,0	1573,8	—
1781,4	1716,7	1655,3	1596,4	1541,2	1488,2	1437,2	6001,9
1737,5	1677,7	1618,8	1563,6	1511,5	1462,7	1414,3	—
1772,68	1706,58	1643,52	1583,44	1526,8	1472,5	1420,7	6198,4
1765,5	1699,2	1635,5	1575,6				—
1742,5	1677,7	1616,0	1557,9	1502,3	1449,4	1398,2	5967,8
1685,1	1625,1	1567	1512	—	—	—	—
1679,0	1619,8	1563,7	1510,6	1460,2	1412,8	1367,2	—
—	—	—	1501,4	—	—	1359	—
1664	—	—	—	—	—	1339,8	—
—	—	—	1482,3	—	—	1333,0	—
—	—	—	—	—	—	—	—
1655,8	1595,7	—	1489,2	—	—	1345,9	—
—	—	—	—	—	—	—	—
1574,2	1515,2	1459	1403	1352,3	1303,0	1256	—
1531,4	—	1416	—	—	—	—	—
1526,6	1469,7	1414,2	1362,3	1312,7	1264,8	1220,3	—
—	—	—	—	—	—	—	—
—	—	—	—	—	—	—	—
—	—	—	—	—	—	—	—
1473,8	1420,3	1367,7	1318,4	1271,2	1225,6	1183,2	—
1468,3	1413,9	1361,3	1311,8	1265,3	1219,8	1177,5	—
1423,9	1371,4	1319,7	1273,2	1226,4	1182,0	1141,1	—

L-Serie. Absorptionskanten.

64 Gd	65 Tb	66 Dy	67 Ho	68 Er	69 Tu	70 Yb	71 Cp
1474,0	1418,1	1364,8	1314,6	1266,0	1219,6	1176,5	1136,2
1558,7	1498,1	1441,4	1386,9	1334,9	1239,2	1242	1194,5
1706,2	1645,3	1587,0	15322,2	1479,6	1429,9	1382,4	1337,7

durch eine sehr dünne Schicht der Substanz, wobei bei 1773 eine Absorptionskante auftritt, kann das Europium mit Sicherheit identifiziert werden. Mit Hilfe der Emissionsmethode kann man $1^0/_{00}$ einer seltenen Erde ohne besondere Vorkehrung, und, bei Anwendung von höheren Spannungen bzw. Stromstärken und längerer Expositionszeit, noch geringere Mengen nachweisen. Handelt es sich um den Nachweis von ganz geringen Mengen, so ist die Untersuchung des K-Spektrums der des L-Spektrums vorzuziehen, da im Bereiche der letzteren die Wahrscheinlichkeit einer störenden Koinzidenz eine viel geringere ist[1]). Die Tabellen S. 84 und 85 enthalten die Wellenlängen der L-Strahlung der seltenen Erden.

3. Phosphoreszenzspektra.

Bei der Bestrahlung mit Kathodenstrahlen zeigen Präparate von seltenen Erden oft ein sehr stark ausgeprägtes Phosphoreszenzspektrum. Die reinen farblosen Erden zeigen diese Erscheinung nicht, somit lassen sich Verunreinigungen der letzteren mit großer Empfindlichkeit nachweisen. So zeigt sich die Gegenwart von Dy in Y, Tb oder Gd durch das Auftreten eines gelben, die des Eu in Gd durch das eines roten, die des Gd in Tb durch das eines grünen Phosphoreszenzlichtes an[2]). Schon minimale Verunreinigungen treten auf diese Weise bei der Bestrahlung mit Kathodenstrahlen zutage. Noch $4,10^{-6}$ g Sm auf 1 g CaO od. dgl. verteilt, zeigt nach Erregung mit Kathodenstrahlen noch rotgelbes Nachleuchten, wobei die Emission sich auf wenige sehr scharfe und enge Linien verteilt. Beim S, Y, La, Gd, Yb fand man kein Nachleuchten, Tb verursacht dagegen ein violettes Leuchten[3]). Das Optimum der Luminescenz liegt etwa bei einem Gehalt von 1% der als Phosphorogen dienenden Erde.

Die Phosphoreszenzspektra der seltenen Erden sind ausgezeichnet durch relativ sehr schmale Banden. Namentlich in

---

[1]) Vgl. DEHLINGER, GLOCKER u. KAUPP: Naturwissensch. Bd. 14, S. 772. 1926.

[2]) URBAIN: Chem. Rev. Bd. 1, S. 167. 1925.

[3]) TOMASCHEK, R.: Ann. d. Phys. Bd. 75, S. 109, 561. 1924; Z. f. Physik Bd. 25, S. 292. 1926; Handb. d. Phys. Optik Bd. 2 S. 247. 1927. — Vgl. auch TIEDE u. RICHTER: Ber. d. dtsch. chem. Ges. Bd. 55, S. 69. 1922; TIEDE u. SCHLEEDE: Ann. Physik Bd. 67, S. 563. 1922; NICHOLS u. HOWES: J. Opt. Soc. Amer. Bd. 13, S. 573. 1926.

Die qualitative Analyse.

den gut kristallisierten, natürlich vorkommenden Flußspaten, deren Phosphoreszenz zu einem großen Teil durch seltene Erden bedingt ist, erreichen die Linien — vor allem bei tiefen Temperaturen — eine große Schärfe, so daß sie dann etwa so schmal werden, wie die D-Linien einer sehr natriumarmen Flamme.

4. Absorptionsspektra.

Bei der Identifizierung der gefärbten Erden leisten die Absorptionsspektra[1]) gute Dienste. Namentlich läßt sich die Gegenwart von Pr, Nd und Er in einem Erdgemisch bei der Untersuchung seines Absorptionsspektrums sofort erkennen, während diese Aussage für den Nachweis von Eu, Dy, Ho und Tu, die gleichfalls ein Absorptionsspektrum im sichtbaren Gebiet haben, nur in beschränktem Maße gilt. Die intensivste Absorptionsbande des Nd ist in einer $1/_{32}$ n-Lösung, wenn eine Schichtdicke von 10 cm verwendet wird, noch sehr deutlich sichtbar. Auch kleine Mengen von Nd, die in einigen Kalkspatvorkommen usw. vorhanden sind, lassen sich mit Hilfe dieser Absorptionsbande im Mineral leicht identifizieren.

Zur Untersuchung des Absorptionsspektrums genügt es, eine Lösung der Erden zwischen Spektrograph und Lichtquelle einzuschalten. Da die Lage der Absorptionsbanden von der Konzentration der Lösung, vom Lösungsmittel und vom Säurerest abhängig ist, müssen Lösungen, deren Spektra verglichen werden, eine korrespondierende Zusammensetzung, insbesondere die gleiche „optische Dichte" haben. Während die Temperatur die Lage der Banden nur wenig beeinflußt, kann diese durch die Gegenwart von größeren Mengen von farblosen Beimengungen, z. B. von Lanthan, nicht unwesentlich verschoben werden. Handelt es sich um den Nachweis sehr kleiner Mengen, so wird man zu konzentrierten Lösungen greifen, wogegen es im allgemeinen günstiger ist, die Konzentration nicht zu hoch zu wählen, da dann die einzelnen Banden schärfer zutage treten. Die Banden der seltenen Erden (vgl. S. 40) sind ja meistens recht scharf, was ihre

---

[1]) Die ältere Literatur ist zu ersehen in KAYSERS Handbuch der Spektroskopie. Leipzig 1905 und bei R. J. MEYER u. O. HAUSER: Die Analyse der seltenen Erden und Erdsäuren. Stuttgart 1912. — Über das ultrarote Absorptionsspektrum von Didym in Gläsern und Lösungen siehe LUEG: Z. f. Phys. Bd. 39, S. 391. 1926.

exakte Ausmessung erleichtert. Aus Abb. 8 (S. 39) sind alle die stärkeren Banden ersichtlich, welche die gefärbten Erden im Gebiet zwischen 3800 und 7000 Å aufweisen.

Es sei noch eine spezielle Art der Untersuchung der Absorptionsspektra der seltenen Erden erwähnt, die darin besteht, daß man das von den Mineralien oder festen Verbindungen reflektierte Licht untersucht; enthalten diese Salze der gefärbten Erden, so zeigen sich im Spektrum des reflektierten Lichtes Absorptionsbanden (Reflexionsspektrum). Nach dieser Methode wurde kürzlich das Spektrum der Ammoniakate der Chloride der vier ersten Lanthanide untersucht[1]).

5. Chemischer Nachweis des Ceriums.

Bei Zusatz von Ammoniak in Gegenwart von Wasserstoffsuperoxyd zu der Lösung eines Cerosalzes fällt ein rotbrauner, für die Gegenwart des Ceriums charakteristischer Niederschlag aus, der um so heller erscheint, je höher der Betrag an anderen gleichzeitig anwesenden Erden ist. Handelt es sich um den Nachweis von sehr geringen Mengen von Cerium, so setzt man die neutrale zu untersuchende Lösung einer warmen konzentrierten Lösung von Natriumcarbonat zu; beim Zusatz weniger Tropfen einer verdünnten Wasserstoffsuperoxydlösung erhält die Flüssigkeit eine charakteristische gelbe Farbe.

Beim Zusatz von Wasserstoffsuperoxyd zu einer ammoniakalischen Tartratlösung entsteht eine intensive gelbbraune Färbung[2]).

Sehr empfindlich ist der Nachweis von Cerium durch Zusatz von Natriumwismutat zu der schwach schwefelsauren Lösung; 0,2 mg CeO_2, vorhanden in 100 ccm, genügen noch, um eine deutliche Gelbfärbung hervorzurufen.

Gibt man Silbernitrat zu einer neutralen Cerosalzlösung und erwärmt sie, so entsteht eine bräunlichschwarze Fällung.

Benzidinacetat ist ein empfindliches Reagens auf Cerium, die meisten Verbindungen dieses Elementes (doch nicht das Fluorid und Carbonat) geben in neutraler oder schwach alkalischer Lösung eine charakteristische Blaufärbung, allerdings müssen Oxydations-

---

[1]) EPHRAIM und BLOCH: Ber. d. dtsch. chem. Ges. Bd. 59, S. 2698. 1926.
[2]) WIRTH: Chem.-Zg. Bd. 37, S. 773. 1913.

mittel sowie Co, Mn und Tl abwesend sein[1]). Ferner läßt sich Cerium in ammoniakalischer Lösung mit Brenzkatechin nachweisen.

B. Die quantitative Analyse.

1. Spektroskopische Methoden.

Es gibt nur eine Methode allgemeiner Anwendbarkeit, welche die quantitative Bestimmung der einzelnen Bestandteile in einem Gemisch von seltenen Erden gestattet: die quantitative Röntgenspektroskopie. Die Ausführung dieser Methode gestaltet sich folgendermaßen: Es liege z. B. ein Europiumpräparat vor, das sowohl etwas Sm wie Gd enthält, und wir wollen die Mengen der letzteren ermitteln. Wir mischen dann dem vorher ins Oxyd[2]) umgewandelten Präparat sukzessive eine bestimmte Menge Tb_2O_3 so lange zu, bis die Tb-L_{α_1}- und die Gd-L_{α_1}-Linie dieselbe Intensität zeigen. Die gleiche Anzahl von Tb- und Gd-Atomen erzeugen eine Linie von ungefähr der gleichen Intensität, man kann aber dieses Verhältnis auch empirisch durch Beimengen derselben Zahl von Tb_2O_3- und Gd_2O_3-Molekülen, etwa zu einem reinen Samariumpräparat, ermitteln. Die Kenntnis der im obigen Falle beigemengten Tb_2O_3-Menge liefert uns dann ohne weiteres die gesuchte Gadoliniummenge. Ähnlich werden wir die Sm-L_{α_1}- mit der Il-α_1-Linie, oder, da diese Erde nicht zugänglich ist, mit der Nd-β_1-Linie vergleichen; Sm α_1 und Nd β_1 (2195,01 und 2162,21) liegen übrigens nur um 33 X-Einheiten voneinander entfernt, und eine nahe Nachbarschaft der Linien ist der Ermittlung des Intensitätsverhältnisses günstig. Das Intensitätsverhältnis der Linien wird man bei der verwendeten, konstant zu haltenden Spannung, wie oben erwähnt, vorher empirisch bestimmen; wendet man dagegen Spannungen an, die ein Vielfaches der Anregungsspannung der Linien betragen, also etwa 30000 Volt, so wird man der Berechnung des Ergebnisses das bekannte Intensitätsverhältnis der α_1- und β_1-Linie, das gleich 2 ist, zugrunde legen können.

Der jetzige Stand der Röntgenspektroskopie läßt nur eine Genauigkeit von etwa 10% zu (d. h. wenn z. B. 1% einer Erde

---

[1]) FEIGL, FR.: Österr. Chem.-Zg. Bd. 22, S. 124. 1919.
[2]) HEVESY u. THAL JANTZEN: Die Naturwiss. Bd. 12, S. 730. 1924. — COSTER u. NISHINA: Chem. News. Bd. 130, S. 149. 1925.

vorliegt, kann die mit der Genauigkeit von 0,1% bestimmt werden), doch sind bei einer richtigen Exponierung der Platte gröbere Bestimmungsfehler ausgeschlossen.

Die letztere Aussage gilt nicht von der quantitativen optischen Spektroskopie[1]), deren Aussagen mit Vorsicht zu betrachten sind, da das Auftreten und die Intensität einer optischen Linie in hohem Maße von der Zusammensetzung des Präparates abhängen kann. Am besten gelingt die quantitative optische Bestimmung der gefärbten Erden auf Grund der Absorptionsspektra. Man vergleicht die Schichtdicken, bei welchen die einzelnen Banden in der Lösung des Gemisches einerseits, in der der reinen Erde andererseits gerade verschwinden, wobei man zweckmäßig die Lösung der Chloride untersucht und die Schichtdicke zwischen 1—10 cm variiert[2]). Das Maximum der einzelnen zuletzt verschwindenden Banden liegt im Gebiete von 3800—7000 Å an den folgenden Stellen:

Tabelle 39.

Pr . . 4819	Il . . . 5816	Tb . . 6385	Ho . . 6405
Nd . . 5205	Sm . . 4013	Dy . . 3873	Er . . 5232

Auch der Vergleich der Absorptionsbande 4441 des Pr, der Bande 5222, 5205, 5123 oder 5091 des Nd und 4071 des Sm wurde zur quantitativen Bestimmung dieser Elemente herangezogen, nachdem man sich überzeugt hatte, daß beim Vermengen der Lösungen der Chloride, deren Molarität 0,01 bis 0,06 betrug, die Lage der Banden ebensowenig beeinflußt wird wie bei Lanthanzusatz[3]).

Auch das Absorptionsspektrum des Ceriums, Samariums und Erbiums im Ultraviolett[4]) wurde zur quantitativen Bestimmung dieser Elemente verwendet; ihre Chloride zeigen in wässeriger Lösung die folgenden Absorptionsbanden:

---

[1]) Vgl. die bereits zitierten Handbücher der Spektroskopie sowie G. u. H. KRÜSS: Colorimetrie und quantitative Spektralanalyse. Hamburg u. Leipzig 1909.
[2]) YNTEMA, L. F.: J. Am. Chem. Soc. Bd. 45, S. 907. 1923; Bd. 48, S. 1598. 1926. — Vgl. auch PRANDTL: Z. anorg. Chemie Bd. 116, S. 96. 1921.
[3]) INOUE, T.: Bull. Chem. Soc. Jap. Bd. 1, S. 9. 1923.
[4]) INOUE, T.: l. c.

Tabelle 40.

Ce	3350; 2469
Sm	2600
Er	2470

Doch zeigte sich, daß, wenn die Lösung dreimal soviel Nd oder auch nur ebensoviel Pr als Sm enthält, die Absorptionsbande des Sm verschoben wird.

Bei der Fraktionierung der seltenen Erden tritt oft das Problem auf, den Gang der Fraktionierung zu kontrollieren; es sind dann Bestimmungen des Äquivalentgewichtes des Erdgemisches von großem Werte. Will man z. B. die Ytererden spalten, so wird eine Zunahme des Äquivalentgewichtes die Ausscheidung des Yttriums und der ersten Glieder dieser Erdreihe anzeigen, und diese Methode (vgl. S. 92) hat bei der Trennung außerordentlich große Dienste geleistet; dasselbe gilt übrigens auch, trotz der obenerwähnten Einschränkungen, von den optischen Methoden.

2. Magneto-chemische Analyse.

Es gibt noch ein Verfahren, das unter Umständen zur Kontrolle der Fraktionierung, in ganz speziellen Fällen sogar zur quantitativen Bestimmung einer Verunreinigung herangezogen werden kann, das ist die magneto-chemische Analyse. Während das Yttrium diamagnetisch ist (vgl. S. 41), sind die in der Basizitätsreihe vor und nach ihm stehenden Erden, bis auf das Cassiopeium und das Scandium stark paramagnetisch; mit der Reinigung des Yttriums nimmt deshalb sein Paramagnetismus erheblich ab, und die Messung des Paramagnetismus des Präparates dient so als recht empfindliche Kontrolle der Fraktionierung[1]). Ein anderes Beispiel ist die Spaltung des MARIGNACschen „Ytterbiums". Das Yb hat einen Paramagnetismus (k. 10^6) von 8,8, während das Cp schwach diamagnetisch ist (k · $10^6 = -0,04$); die Gegenwart von 1% Cp_2O_3 in Ytterbiumoxyd wird sich bereits in einer Erniedrigung des Paramagnetismus des letzteren von 8,8 auf 8,7 zeigen, und entsprechend wird die Gegenwart von nur 1% Yb_2O_3 im Cassiopeiumoxyd dieser diamagnetischen Substanz einen Paramagnetismus von rund 1 erteilen. Aus der seinerzeit bestimmten Magnetisierungs-

---

[1]) URBAIN, G.: Chem. Rev. Bd. 1, S. 143. 1925.

zahl älterer Präparate der Elemente 70 und 71 können wir jetzt, wo die Magnetisierungszahl der reinen Oxyde bekannt ist, deren Zusammensetzung angeben, da der Paramagnetismus eine additive Eigenschaft ist.

3. Methoden zur Bestimmung des Äquivalentgewichtes des Erdgemisches.

Die wichtigeren hierfür angewandten Methoden sind die folgenden: Ermittlung des Verhältnisses a) RCl_3 : Ag, b) R_2O_3 : $R_2(SO_4)_3$, c) R_2O_3 : $(C_2O_3)_3$, d) Lösung des Oxydgemisches in Salzsäure, Fällen mit Oxalsäure und Bestimmung der überschüssigen Oxalsäure mit Permanganat, e) Lösung des Oxydgemisches in Schwefelsäure und Zurücktitrieren mit Natronlauge. Die zuverlässigste Methode ist die zuerst erwähnte (vgl. S. 47), doch leisten auch die anderen sehr gute Dienste. Die Sulfatmethode hat den Nachteil, daß sowohl die Darstellung des streng neutralen Sulfats, wie dessen Überführung in ganz reines Oxyd nicht leicht durchzuführen ist. Um der erstgenannten Schwierigkeit zu entgehen, wurde auch vorgeschlagen, das Sulfat nicht durch Behandeln des Oxyds mit Schwefelsäure, sondern durch vorsichtiges Erwärmen des Octohydrosulfats zu erzeugen oder überhaupt das letztere zu analysieren.

In bestimmten Fällen, etwa bei der Trennung des Yttriums von den übrigen Erden, kann man aus einer Dichtebestimmung des Oxyds auf den Reinheitsgrad der Erde schließen.

4. Die Bestimmung des Ceriums[1].

Cerium läßt sich durch Titration mit Wasserstoffsuperoxyd einfach und genau bestimmen. Man oxydiert die Cerverbindung zur Ceriverbindung, setzt zwecks Reduktion des Cerisalzes eine bekannte Menge Wasserstoffsuperoxyd zu und titriert dann den Überschuß des letzteren zurück. Man setzt z. B. der Lösung des Cerosalzes in 30 proz. Salpetersäure für je 0,1 g Cerium 2 g Wismuttetroxyd zu, verdünnt die Lösung mit dem gleichen Wasservolumen (auf etwa 100 ccm), gießt die tiefgelb gefärbte Flüssigkeit ab und versetzt einen bekannten Teil der Lösung so lange mit Wasserstoffsuperoxyd von bekanntem Gehalt, bis die Gelbfärbung

---

[1] Näheres enthält R. J. MEYER u. O. HAUSER: Die Analyse der seltenen Erden. Stuttgart 1912. — Bulletin 212, Department of the Interior, Washington 1923.

verschwindet. Der geringe Überschuß von Wasserstoffsuperoxyd wird durch Titration mit Kaliumpermanganat zurückgemessen. Eine andere Methode beruht auf der Oxydation des Cerosalzes mit Kaliumpermanganat, die nach der folgenden Gleichung vor sich geht:

$$3\ Ce(NO_3)_3 + KMnO_4 + 4\ Na_2CO_3 + 8\ H_2O = 3\ Ce(OH)_4$$
$$+ Mn(OH)_4 + 8\ NaNO_3 + KNO_3 + 4\ CO_2.$$

Die Cerosalzlösung wird mit Natriumcarbonat neutralisiert. Man vermischt eine bekannte Menge einer $^1/_{10}$ n-$KMnO_4$-Lösung mit einer Suspension von Magnesia und läßt die Cerlösung tropfenweise zu dieser Mischung fließen, bis die Lösung farblos wird. Man vermeidet das Zurücktitrieren, da dadurch die Resultate ungenauer werden[1]).

Bei der Natriumwismutatmethode vermengt man die das Cerium als Sulfat enthaltende, schwach schwefelsaure Lösung mit Natriumwismutat und Ammoniumsulfat. Beim Kochen der Lösung wird das Cerosalz bald zu Cerisalz oxydiert. Nach der Entfernung des überschüssigen Wismutats reduziert man das Cerisalz mit Ammoniumferrosulfat und titriert das überschüssige Ferrosalz mit Kaliumpermanganat zurück. Die Methode ist rasch und zuverlässig, nur stört die Gegenwart von Mangan und Eisen.

Von den weiteren vorgeschlagenen Methoden seien noch erwähnt:

Titration mit Kaliumferricyanid nach der Gleichung:

$$Ce_2O_3 + 2\ K_3FeCy_6 + 2\ KOH = 2\ K_4FeCy_6 + H_2O + 2\ CeO_2$$

und Zurücktitrieren des Ferrocyankaliums nach der Gleichung:

$$5\ K_4FeCy_6 + KMnO_4 + 4\ H_2SO_4 = 5\ K_3FeCy_6 + 3\ K_2SO_4$$
$$+ MnSO_4 + 4\ H_2O,$$

ferner die Reduktion des Cerisalzes durch Azoimid[2]) nach der Gleichung:

$$2\ N_3H + 2\ CeO_2 = 3\ N_2 + Ce_2O_3 + H_2O,$$

die auch in sehr verdünnter Lösung quantitativ verläuft und wo

---

[1]) MEYER, R. J., u. O. HAUSER: l. c. — LENAER u. MELOCHE: J. Am. Chem. Soc. Bd. 38, S. 66. 1916.
[2]) SOMMER u. PINCAS: Ber. d. Dtsch. Chem. Ges. Bd. 48, S. 1963. 1915.

das Volumen des entwickelten Stickstoffs die Menge des reduzierten Cerisalzes anzeigt.

Von den gravimetrischen Methoden kommt in erster Linie die Jodatmethode[1]) in Betracht. Das Cerium wird hier mit einem großen Überschuß von Kaliumjodat aus salpetersaurer Lösung in Gegenwart von Kaliumbromat quantitativ als Cerijodat gefällt. Beim Kochen des Niederschlages mit Oxalsäure bildet sich Cerooxalat, das in Oxyd übergeführt und als solches gewogen wird. Die Gegenwart von Thorium wirkt störend.

IV. Über die Trennung der seltenen Erden[2]).

Benachbarte Elemente der Reihe der seltenen Erden sind zu nahe verwandt, um mit Hilfe einer einzigen Operation getrennt werden zu können; die Hauptschwierigkeit bei der Trennung der seltenen Erden liegt eben in der Trennung von den in der Basizitätsreihe benachbarten Gliedern. Die Trennung von weit voneinander entfernten Gliedern, wie etwa die des Yttriums vom Lanthan, dürfte kaum größere Schwierigkeiten bereiten wie die des Elementpaares Strontium-Barium oder Rubidium-Caesium; dieses Problem tritt aber kaum auf, da das der Trennung zu unterwerfende, dem Mineralreiche entnommene Ausgangsmaterial stets die ganze Reihe der Erden enthält. Ausnahmen von den obigen Betrachtungen bilden das Cerium und das Scandium; das Cerium, weil es leicht in den vierwertigen Zustand übergeführt und damit der Reihe der seltenen Erden gewissermaßen entzogen werden kann, das Scandium, weil es ein Endglied der Reihe ist und sich ja von seinem basischeren Nachbar, vom Yttrium, recht beträchtlich — ähnlich wie das Calcium vom Strontium — unterscheidet, und von den übrigen seltenen Erden in noch höherem Maße; die Leichtlöslichkeit des Ammoniumscandiumfluorids erlaubt z. B. eine einfache Abtrennung des Scandiums. In allen übrigen Fällen ist man auf die Ausführung von einer Reihe sukzessiver Operationen angewiesen, um eine Trennung der Erden zu erzielen. Als solche kommen in erster

---

[1]) BRINTON, P. H., u. C. JAMES: J. Am. Chem. Soc. Bd. 41, S. 1080. 1919.
[2]) Die Darstellungsmethoden der einzelnen Erden finden sich in GMELIN-KRAUT: Handb. d. anorg. Chemie Bd. VI, S. 1. 1924 ausführlich besprochen.

Linie in Betracht: Die fraktionierte Krystallisation (A), die fraktionierte Fällung resp. Auflösung (B), die fraktionierte Zersetzung wasserfreier Verbindungen wie etwa der Nitrate (C), endlich physikalische Methoden (D), wie z. B. die Elektrolyse oder die Ionenwanderung.

A. Die fraktionierte Krystallisation.

Bei der fraktionierten Krystallisation wird der Löslichkeitsunterschied einer geeigneten Verbindung der seltenen Erden erschöpfend ausgenutzt. Man stellt eine Reihe von Fraktionen dar und verwendet, soweit möglich, zu deren weiterer Krystallisation nicht reines Lösungsmittel, sondern geeignete Krystallisationslaugen. Wir wollen z. B. die Krystallisation der Ammoniumdoppelnitrate nach AUER V. WELSBACH betrachten, dem wir die Einführung dieser Methoden verdanken[1]).

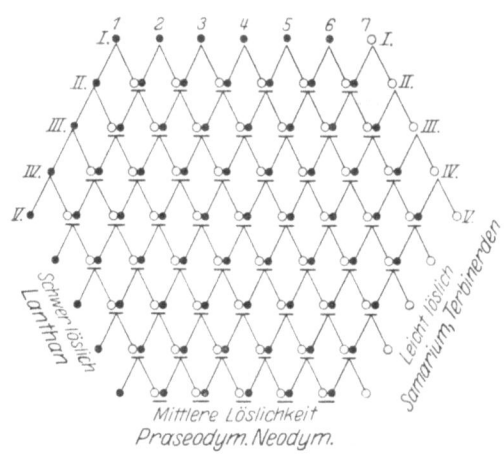

Abb. 13. Fraktionierschema nach AUER VON WELSBACH.

Das Ammoniumdoppelsalz löst man in mäßig verdünnter Salpetersäure — im Großbetriebe in Wasser, in diesem Falle geht die Krystallisation langsamer — auf, dampft bis zum Beginn der Bildung einer Krystallhaut ein und läßt einige Stunden lang stehen, dann entfernt man die Mutterlauge von den Krystallen. Die Mutterlauge wird jetzt z. B. 8 mal durch Eindampfen zur Krystallisation gebracht, so daß man als erste Fraktionsserie 8 Fraktionen und eine Endlauge gewinnt. Zur zweiten Serie gelangt man derart, daß man die Fraktion I_1 aus Wasser umkrystallisiert und die Lauge der so erhaltenen Fraktion II_1 zum Umkrystallisieren der

---

[1]) Näheres vgl. R. J. MEYER: Abbeggs Handb. Bd. III/1, S. 227, dem auch die obige Abbildung entnommen ist.

Fraktion I_2, die der erhaltenen Fraktion II_2 zum Umkrystallisieren von I_3 usw. verwendet. Das Fraktionierschema zeigt Abb. 13, wenn ● die Krystalle und ○ die Laugen bedeuten. Das unterstrichene Paar Fraktion—Mutterlauge wird jedesmal vereinigt. Mehrere Endlaugen vereinigt man und unterwirft ihr eingedampftes Material einer weiteren Fraktionierung. Der geschilderte Arbeitsgang wurde auf verschiedene Weise modifiziert, z. B. durch Einschieben einer Zwischenreihe zwischen je 2 Serien, bei der von der Mitte aus nach beiden Seiten fraktioniert wird (AUER v. WELSBACH), durch Zusatz von Ceriumammoniumnitrat zu den Fraktionen, falls kein solches schon von vornherein vorhanden war (v. SCHEELE) usw. Die Löslichkeit des Ceriumammoniumnitrats liegt zwischen der des entsprechenden Lanthan- und Praseodymsalzes, was zur Folge hat, daß bei der Fraktionierung das Praseodym dem Cerium folgt, wovon es leicht abgetrennt werden kann, und nicht dem Lanthan, von dem es nur mit großer Mühe geschieden werden kann. Ähnlich wie das Cerium im geschilderten Falle, können andere Substanzen bei der Trennung von einzelnen Erden mit Erfolg in die Reihe eingeschoben werden. So kann man bei der Krystallisation der Magnesiumdoppelnitrate der seltenen Erden Magnesiumwismutnitrat nach URBAIN[1]) einschieben, und da die Löslichkeit dieser Verbindung zwischen denen des Samarium- und Europiumsalzes liegt, Samarium und Europium verhältnismäßig leicht voneinander trennen. Aus Fraktionen, die von Samarium und Europium getrennt sind, läßt sich bei der Krystallisation des Pentahydronitrats Wismutnitrat gleichfalls mit Erfolg zwischen Gadolinium und Terbium einschieben. Von der Verbindung, welche man der Krystallisation unterwirft, verlangt man in erster Linie, daß ihre Löslichkeit im Falle der einzelnen zu trennenden Erden eine möglichst weitgehende Abstufung zeigen soll, sie muß ferner stabil sein, also eine möglichst geringe Zersetzung während der zahllosen Krystallisationen erleiden, welchen sie unterworfen wird; ein großer Temperaturkoeffizient der Löslichkeit erleichtert die Ausführung der Krystallisation, ebenso eine große Löslichkeit, wenn größere Mengen krystallisiert werden sollen. Als die verschiedenen Erden zum ersten Male getrennt werden sollten, war

---

[1]) Vgl. URBAIN: Chem. Rev. Bd. 1, S. 153. 1925.

ja der rationelle Weg, die vergleichende Bestimmung der Löslichkeitsunterschiede verschiedener Verbindungen der zu trennenden Erden, noch nicht gangbar, und auch später ist ein solcher nur ausnahmsweise eingeschlagen worden. Man begnügte sich vielmehr damit, festzustellen, daß die Krystallisation der einen oder anderen Verbindung zur gewünschten Trennung führte. Die wichtigsten Verbindungen, deren fraktionierte Krystallisation sich zur Trennung der seltenen Erden eignet, sind die folgenden:

Ammoniumdoppelnitrate. MENDELEJEFF hat durch Krystallisation dieser Verbindung aus wässeriger Lösung das Lanthan vom „Didymium" getrennt; die Methode fand dann in den Händen AUER V. WELSBACHS, der sie entsprechend modifiziert hatte, und u. a. aus salpetersauren Lösungen krystallisierte, eine weitgehende Anwendung. Mit Hilfe dieser Methode hat AUER V. WELSBACH das Didym in Praseodym und Neodym gespalten. Das zur neusten Atomgewichtsbestimmung des Lanthans dienende Material wurde gleichfalls nach dieser Methode gereinigt[1]).

Magnesiumdoppelnitrate. Diese von DROSSBACH eingeführte Methode eignet sich ebenso wie die früher besprochene hauptsächlich zur Trennung der Ceriterden, d. h. der ersten Glieder der Lanthanide. Zuerst krystallisiert die Lanthanverbindung, dann die des Pr, Nd, dann das überschüssige Magnesiumnitrat, das Sm, Eu, Er, Gd, Y usw.

Thaliumdoppelnitrate. Die Krystallisation eines Gemisches von Thallium- und von Ammoniumdoppelnitrat führt nach ROLLA und FERNANDES[2]) zu einer rascheren Trennung des Pr und Nd wie auch des Lanthans.

Nickeldoppelnitrate. Die Krystallisation dieser Verbindung eignet sich zur Darstellung von Gadolinium (URBAIN).

Ammoniumdoppeloxalate. Die Krystallisation dieser Verbindungen benutzte AUER V. WELSBACH zur Darstellung der gesamten Glieder der Yttererden und diese Methode war es auch, die ihm die Spaltung des Ytterbiums MARIGNACS in 2 Elemente, das neue Ytterbium und Cassiopeium ermöglichte.

Alkalidoppelsulfate. In gesättigter Lösung der Alkalisulfate weisen die Doppelsulfate der Erden nicht unwesentliche Löslich-

---

[1]) BAXTER, G. P., M. T. TANI u. H. C. CHAPIN: J. Am. Chem. Soc. Bd. 43, S. 1080. 1921; Bd. 44, S. 328. 1922.

[2]) ROLLA, L., u. L. FERNANDES: Z. anorg. Chemie Bd. 157, S. 371. 1926.

keitsunterschiede auf, die zur Trennung der Erden häufig herangezogen wurden. Am löslichsten sind die Doppelsulfate der Dysproside und des Yttriums, am wenigsten löslich sind die des Scandiums sowie der 5 ersten Lanthanide, die Doppelsalze des Eu, Tb und Gd nehmen eine mittlere Stellung ein. Setzt man sukzessive bis zum Verschwinden des Didymspektrums Kaliumsulfat zu der Lösung der Erdsulfate, so bleiben die Yttererden in der Lösung zurück und die ausgefallenen Ceriterden enthalten nur mäßige Mengen von Yttererden.

Auch die Krystallisation der Hydrazinsulfate wurde ähnlich wie die der Alkalidoppelsulfate zur Trennung der Erden herangezogen.

Alkalidoppelcarbonate. Von den Kaliumcarbonaten der Ceriterden ist das Lanthansalz am schwersten, das Neodymsalz am leichtesten löslich. Diese Methode (R. J. MEYER) eignet sich besonders gut zur Reindarstellung des La und Pr. Auf der Schwerlöslichkeit des Natriumscandiumcarbonats gründet sich eine Trennungsmethoden des Scandiums vom Thorium. Beim Kochen des Carbonatgemisches mit Natriumcarbonat geht das Thoriumsalz in Lösung.

Nitrate. Man krystallisiert die Nitrate aus Salpetersäure vom spez. Gewicht von etwa 1,3 (DEMARCAY). Die Löslichkeit der verschiedenen Nitrate nimmt bis inklusiv zum Gadolinium mit steigender Atomnummer der Erde ab und steigt dann wieder an. Diese Methode wurde von URBAIN zur Spaltung des MARIGNAC-schen Ytterbiums benutzt.

Sulfate. Die Sulfate der seltenen Erden sind in der Wärme weniger löslich als in der Kälte. Löst man das Sulfatgemisch in Eiswasser und erwärmt es, so scheiden sich die schwerer löslichen Bestandteile leichter aus als die übrigen. So z. B. ist das mit 9 Mol. Wasser krystallisierende $La_2(SO_4)_3$ schwerer löslich als die mit 8 Mol. Wasser krystallisierenden $Pr_2(SO_4)_3$ und $Nd_2(SO_4)_3$, und deshalb scheidet sich bei der Erwärmung der kalt gesättigten Lösung auf 20 bis 35° das Lanthan als reines Sulfat aus (MARIGNAC). Die Löslichkeit des Praseodymsulfats ist bei 30° über 2 mal so groß als die des Neodymsulfats, und auch diese Sulfate wurden nach der geschilderten Methode getrennt. Die Methode eignet sich auch zur Reinigung der Erden vom Thorium sowie zur Trennung der Ceriterden von den Yttererden. Beim Auskrystallisieren der Sulfate der Ceriterden mit Thalliumsulfat findet man in der ersten Fraktion fast reines Ce, in der letzten fast reines La[1]).

Bromate. Mit dieser von JAMES herrührenden Methode hat man verschiedene Glieder der Yttererden rein dargestellt, wie z. B. Thulium[2]), Yttrium und, mit der Dimethylphosphatmethode kombiniert, Gd[3]). Mit Hilfe dieser Methode wurde neuerdings

Tab. 41.

Lanthanbromat		Praseodymbromat		Neodymbromat	
Temperatur	Teile La(BrO$_3$)$_3$ 9 H$_2$O in 100 Teilen Wasser	Temperatur	Teile Pr (BrO$_3$)$_3$ 9 H$_2$O in 100 Teilen Wasser	Temperatur	Teile Nd (BrO$_3$)$_3$ 9 H$_2$O in 100 Teilen Wasser
0	184,6	0	88,55	0	66,35
5	214,7	5	105,86	5	80,06
10	251,3	10	123,46	10	94,57
15	298,4	15	144,1	15	111,32
20	363,0	20	167,9	20	128,6
25	462,1	25	196,1	25	151,3
30	688,6	30	235,5	30	175,9
35	1061,5	35	278,5	35	205,8
		40	339,5	40	235,4
		45	434,5	45	289,9
Terbiumbromat		Samariumbromat		Gadoliniumbromat	
Temperatur	Teile Tb (BrO$_3$)$_3$ 9 H$_2$O in 100 Teilen Wasser	Temperatur	Teile Sa (BrO$_3$)$_3$ 9 H$_2$O in 100 Teilen Wasser	Temperatur	Teile Gd (BrO$_3$)$_3$ 9 H$_2$O in 100 Teilen Wasser
0	66,42	0	49,78	0	50,18
5	77,34	5	60,21	5	60,01
10	89.68	10	72,47	10	70,11
15	102,4	15	85,91	15	82,64
20	117,1	20	100,6	20	95,58
25	133,2	25	117,3	25	110,5
30	151,9	30	135,5	30	126,1
35	172,9	35	157,2	35	144,5
40	198,1	40	183,0	40	166,0
45	227,1	45	214,1	45	195,6

[1]) ROLLA, L., u. L. FERNANDES: Gazz. chim. ital. Bd. 54, S. 6/7 u. 623. 1924; Bd. 55, S. 1. 1925.
[2]) JAMES: J. Am. Chem. Soc. Bd. 33, S. 1332. 1911. — KREMERS u. BALKE: ebenda Bd. 40, S. 593. 1918. — JAMES u. STUART: ebenda Bd. 42, S. 2022. 1920.
[3]) JORDAN, L., u. B. S. HOPKINS: J. Am. Chem. Soc. Bd. 39, S. 2614. 1917.

die letzte unbekannte seltene Erde, das Illinium, durch HARRIS, YNTEMA und HOPKINS[1]), sowie R. J. MEYER, SCHUHMAN und KOTOWSKI[2]) konzentriert.

Durch Krystallisation der Magnesiumdoppelnitrate ist die größte Menge des im Ausgangsmaterial vorhandenen Elements 61 in einer Neodymfraktion gesammelt worden, wodurch das Problem der Trennung des Elements 61 vom Neodym entstand. Die Reihe der zunehmenden Löslichkeit der Bromate ist Eu, Gd, Sm, 61, Tb und Nd, Pr, La.; die Krystallisation der Bromate eignet sich somit zur Trennung von 61 und Nd, denn einmal ist hier das Bromat des ersteren das weniger lösliche, dann aber erleichtert das Einschieben des Terbiums die Trennung sowie auch den optischen Nachweis[3]) des Vorhandenseins des Elementes 61, dessen stärkste Absorptionsbanden in die Nähe der des Neodyms fallen.

Die Löslichkeit der Bromate geht aus Tabelle 41[4]) hervor.

Aus den Zahlen der Tabelle geht hervor, daß während bei 0° die Löslichkeit des Bromats des Gadoliniums und des Samariums praktisch die gleiche ist, ja, die erstgenannte Verbindung noch ganz wenig löslicher ist, mit zunehmender Temperatur sich ein zunehmender Löslichkeitsunterschied zeigt, wobei die Samariumverbindung die löslichere ist, und dasselbe gilt fürs Löslichkeitsverhältnis der Bromate des Terbiums und des Neodyms.

Äthylsulfate. Diese Verbindungen sind von URBAIN zur Trennung der Yttererden verwendet worden. Die Reihenfolge der sich ausscheidenden Verbindungen ist: Tb, Y, Ho, Dy, Er, Yb. Die Methode eignet sich gut zur Trennung von Dysprosium von den anderen Erden, doch nicht von Holmium[5]). Ein Nachteil der Methode ist, daß die Äthylsulfate mit der Zeit oder gar beim Erwärmen verseift werden.

---

[1]) HARRIS, YNTEMA u. HOPKINS: Nature Bd. 180, S. 792. 1926. — HARRIS u. HOPKINS: J. Am. Chem. Soc. Bd. 48, S. 1585. 1926.

[2]) MEYER, R. J., SCHUHMAN und KOTOWSKI, Die Naturwiss, Bd. 14, S. 771, 1926.

[3]) Einwände gegen diesen Nachweis sind von PRANDTL und GRIMM (Zeitschr. f. angew. Chemie, Bd. 39, S. 1333, 1926) erhoben worden.

[4]) JAMES, FOGG, McINTIRE, EVANS, DONOVAN, J. Amer. Chem. Soc. Bd. 49, S. 132, 1927. Diese soeben veröffentlichten wichtigen Angaben konnten nur noch an dieser Stelle berücksichtigt werden.

[5]) KREMERS, HOPKINS u. ENGLE: J. Am. Chem. Soc. Bd. 40, S. 598. 1918.

Das Oxydverfahren. Dieses Verfahren (AUER V. WELSBACH) erlaubt eine rasche Trennung der Cerit- und Yttererden, des Ceriums von den anderen Erden, des Lanthans von Praseodym, des Ytterbiums vom Erbium usw. Die geglühten Oxyde werden mit Wasser angerührt und mit einer zur Lösung ungenügenden Menge von Salpetersäure behandelt. Nach dem Erkalten wird die breiige Masse mit konzentrierter Salpetersäure behandelt. Den Niederschlag digeriert man mit Alkohol, wobei sich nur die neutralen Nitrate lösen. Der ungelöste Anteil enthält hauptsächlich die am wenigsten basischen Erden Sc, Cp, Yb, während die Lauge die Ceriterden und auch noch das Yttrium enthält. Jetzt entfernt man das Cerium durch die partielle Zersetzung seines Nitrates (S. 103), und setzt zur weiteren Trennung der einzelnen Yttererden die breiartig verriebenen Oxyde zur konzentrierten heißen Nitratlösung. Man erhält dann sukzessive Fraktionen basischer Nitrate, beginnend mit den am wenigsten basischen Ytterbiden.

Man hat auch statt der Nitrate die Chloridlösungen mit den Oxyden behandelt. Die Methode der basischen Chloride und Thiosulfate wird weniger empfohlen als die der basischen Nitrate, die sich zur Trennung des Y von Er, Ho usw. gut eignen soll[1]).

Außer den geschilderten ist eine Reihe von anderen Verbindungen, wie die Formiate, Acetate, Acetylacetonate, Pikrate, Dimethylphosphate, Nitrobenzolsulfonide, die Doppelcarbonate mit Guanidin[2]) usw., mit mehr oder weniger Erfolg krystallisiert worden.

B. Die fraktionierte Fällung.

Mit Ammoniak. Die älteste und viel benützte Methode der fraktionierten Fällung benützt Ammoniak, wobei die einzelnen Reihen in der Reihenfolge ihrer zunehmenden Basizität gefällt werden, obzwar auch Ausnahmen von dieser Reihenfolge beobachtet worden sind (vgl. S. 51). PRANDTL[3]) hat die Methode dadurch wesentlich verbessert, daß er die Fällung bei ziemlich hoher

---

[1]) BRINTON, P., u. C. JAMES: J. Am. Chem. Soc. Bd. 43, S. 1397, 1921.
[2]) CANNERI, C.: Gazz. chim. ital. Bd. 55, S. 39. 1925.
[3]) PRANDTL, W., u. J. LÖSCH: Z. anorg. Chem. Bd. 122, S. 159. 1922. — PRANDTL, W., u. J. RAUCHENBERGER: ebenda S. 311 u. Bd. 120, S. 120. 1921.

Ammoniumnitratkonzentration und bei Gegenwart ammoniakbindender, neutraler Metallsalze, wie z. B. $Zn(NO_3)_2$ oder $Cd(NO_3)_2$, vornahm. Besonders wirksam zeigten sich Kobaltiake, wie das Trinitratotriamminkobalt $Co(NO_3)_3(NH_3)_3$, das das Ammoniak ziemlich fest gebunden hält und deshalb eine langsame und auswählende Ammoniakabgabe gewährleistet. Die fraktionierte Fällung mit Ammoniak eignet sich gut zur Trennung des Gd von Tb.

Mit anderen Basen. Die fraktionierte Fällung der Erden wurde mit verschiedenen anderen Basen gleichfalls ausgeführt. Magnesiumoxyd als eine schwache Base wirkt langsam und deshalb mehr auswählend als die stärkeren Basen. Von den organischen Basen kommt in erster Linie Anilin in Betracht, das zur Spaltung der Erbinerden verwendet worden ist.

Mit Chromaten. Beim Fällen der neutralen Chromate scheiden sich die Ceriterden in der Reihenfolge La, Pr, Nd, Sm, die Yttererden in der Reihenfolge Tb, Yb, Eu, Y und Gd aus. Die Kombination der Chromatfällung mit der Bromatmethode (S. 99) soll die Darstellung von kleinen Mengen der reinen Yttriumverbindung verhältnismäßig leicht ermöglichen[1]).

Mit Oxalsäure und Oxalaten. Diese zuerst von MOSANDER eingeführte Methode ist in vielen verschiedenen Modifikationen angewandt worden. Man setzt z. B. zu der siedenden Nitratlösung der Erden Oxalsäure, bis ein dauernder Niederschlag erscheint. Beim Abkühlen der Flüssigkeit scheidet sich dann eine Fraktion Oxalonitrat aus. Das Filtrat dieser Fraktion unterwirft man dann einer weiteren Behandlung usw. Pr und Nd fallen vor dem La aus, und bei der Behandlung der Yttererden fallen die Erden in der Reihenfolge Tb, Eu, Gd, Dy, Ho, Tu, Er, Sc, Yb, Y aus.

Außer den oben beschriebenen Verfahren sind noch partielle Fällungen mit Kaliumferrocyanid, mit Natriumnitrit, mit einer Reihe von organischen Säuren, wie Kakodylsäure, Valeriansäure, Stearinsäure, Nitrobenzoesäure, Weinsäure, Salicylsäure, Milchsäure, ferner mit Jodsäure (zwecks Trennung des Scandiums von Thorium, dessen Jodat ausfällt) usw. ausgeführt worden.

---

[1]) MEYER u. WUORINEN: Z. anorg. Chem. Bd. 80, S. 7. 1913. — EGAN u. BALKE: J. Am. Chem. Soc. Bd. 35, S. 365. 1913. — HOPKINS u. BALKE: J. Am. Chem. Soc. Bd. 38, S. 2332. 1918.

C. Fraktionierte Zersetzung wasserfreier Verbindungen.

Partielle Zersetzung der Nitrate. Erwärmt man vorsichtig das geschmolzene Nitratgemisch, so werden die am wenigsten basischen Erden am leichtesten eine Zersetzung erleiden. Die erhaltene Masse wird in siedendem Wasser gelöst, beim Erkalten scheidet sich ein Gemisch basischer Nitrate aus, das vornehmlich die weniger basischen Erden enthält. Die weitere Behandlung des Filtrates führt zu einer weiteren Fraktion usw. Mit Hilfe der geschilderten Methode entdeckte MARIGNAC das alte Ytterbium und NILSON das Scandium. Das Einschieben von Samariumnitrat ermöglicht eine leichte Trennung von Yttrium und Holmium[1]).

Glühen von Nitraten, Carbonaten und Oxalaten. Die beim Glühen enstehenden Oxyde sind bis auf das CeO_2 in verdünnter Salpetersäure löslich; auf diese Weise ist eine einfache Trennung des Ceriums von den übrigen seltenen Erden möglich. Mit Hilfe dieses Verfahrens schied MOSANDER von der als unzerlegbar angesehenen „Cererde" das Lanthan und Didym.

Es sind mehrere ähnliche Methoden bekannt, welche die Abtrennung des Ceriums bezwecken und alle auf der Überführung des Ceriums in eine höhere Oxydationsstufe beruhen. So wird ein Gemisch der Ceritnitrate mit Alkalinitraten erwärmt, wobei sich allein das $Ce(NO_3)_3$ zersetzt unter Bildung von CeO_2. Oder man behandelt das Hydroxydgemisch in wässeriger Suspension mit Chlor oder Brom, wobei allein das Cerium unlöslich zurückbleibt. Von den zahlreichen Methoden, welche eine einfache Abscheidung des Ceriums ermöglichen, seien noch die folgenden erwähnt: Kochen der Nitratlösung mit Kaliumbromat, wobei das Cerium als ein Gemisch von basischem Bromat und Nitrat ausfällt — Oxydation von Ceroverbindungen durch Kaliumpermanganat in alkalischer Lösung, etwa nach der Formel

$$3\,Ce_2O_3 + 2\,KMnO_4 + H_2O = 6\,CeO_2 + 2\,KOH + 2\,MnO_2,$$

wobei das unlösliche CeO_2 zurückbleibt, Behandlung der gemischten Sulfate mit konzentrierter Salpetersäure und Bleidioxyd usw. (vgl. auch S. 88).

---

[1]) KREMERS u. BALKE: J. Am. Chem. Soc. Bd. 40, S. 593. 1918. — DRIGGS, F. H., u. B. S. HOPKINS: ebenda Bd. 47, S. 363. 1925.

D. Physikalische Methoden.

Destillation. Der hohe Siedepunkt der meisten stabilen Verbindungen der seltenen Erden und die verhältnismäßig geringen Unterschiede in den Siedepunkten erschweren eine Trennung durch Destillation. Scandium und Thorium wurden durch fraktionierte Sublimation der wasserfreien Chloride getrennt[1]). Ziemlich reines Scandium wurde durch Sublimation eines Thorium-Scandium-Acetylacetonatgemisches bei 260° erreicht, bei welcher Temperatur die Thoriumverbindung sich bereits zersetzt[2]). Die Acetylacetone eignen sich im übrigen trotz ihren tiefen Sublimationstemperaturen nicht gut zu einer Trennung der Erden.

Elektrolyse. Elektrolysiert man eine Lösung der Nitrate oder Chloride der seltenen Erden, so scheidet sich an der Kathode ein Gemisch der Hydroxyde aus, sorgt man für genügende Rührung, so werden im Niederschlag die am wenigsten basischen Erden angereichert[3]). So konnte man bei der Elektrolyse von Yttererden das Yttrium im Elektrolyten anreichern, während der Niederschlag die Dysproside angereichert enthielt. Eine Trennung von Ho, Er und Tu ist nach diesem Verfahren dagegen nicht gelungen. Die Trennung der Erden durch Elektrolyse ist eine Modifikation der Methode der partiellen Fällung mit Basen, es entstehen nämlich während der Elektrolyse OH-Ionen an der Kathode, welche die Erden in der Reihenfolge ihrer zunehmenden Basizität fällen.

Ionenwanderung. Auch die Ionen der verwandtesten seltenen Erden weisen einen meßbaren Unterschied in ihren Volumina auf; dieser Unterschied, der übrigens durch die Hydratation eine Beeinflussung erleidet, genügt, um eine kleine Verschiedenheit in den Wanderungsgeschwindigkeiten der Ionen hervorzurufen (vgl. S. 108). Die Verschiedenheit der Wanderungsgeschwindigkeiten läßt sich nun zur Trennung der Erden ausnützen. Man läßt die Ionen durch eine lange — zwecks Vermeidung der Konvektion mit Agar-Agar gefüllte — Röhre wandern und findet in dem vom Ausgangspunkte der Wanderung am entferntesten liegenden Röhrenende einen Teil der schnellsten Ionen in reinem

---

[1]) MEYER, R. S. u. WINTER: Z. anorg. Chem. Bd. 67, S. 398. 1910.
[2]) MORGAN u. MOSS: Trans. Chem. Soc. Bd. 105, S. 196. 1914.
[3]) DENNIS u. LEMON: J. Am. Chem. Soc. Bd. 37, S. 131. 1915. — DENNIS u. VAN DER MEULEN: ebenda S. 1963. — DENNIS u. RAY: ebenda Bd. 40, S. 174. 1918.

Zustande angesammelt. KENDALL und CLARKE[1]) haben nach dieser Methode Y und Er, Nd und Pr sowie Gd und Sa in bemerkenswertem Reinheitsgrade getrennt.

Abgesehen von der zuletzt besprochenen Methode, die zumindest in den erwähnten Fällen eine Reindarstellung von Erden in kleinen Mengen erlaubt, bedient man sich, wenn ein hoher Reinheitsgrad erfordert wird, stets einer Kombination verschiedener Methoden. Es sei hier das Beispiel der Reindarstellung von Yttrium angeführt, das sich besonders vom Holmium äußerst schwer trennen läßt:

α) FOGG und JAMES[2]) krystallisieren die Yttererden als Bromate, bedienen sich dann der Fällung der basischen Nitrate, der Fällung mit Natriumnitrat und der Fällung mit Kaliumferrocyanid; sie müssen dann, um die letzten Reste von Cerit- und Terbinerden zu entfernen, noch wiederholt mit Ammoniumkakodylat fraktionieren.

β) AUER V. WELSBACH[3]) befreit die an Yttrium reichen Laugen mittels basisch salpetersauren Salzen von Erbium u. dgl. Die noch Gd und Ho enthaltende Lauge wird als Oxalat gefällt, in Ammoniumdoppeloxalat übergeführt und fraktioniert krystallisiert. Mit Salpetersäure wird dann das Yttrium aus der Mutterlauge gefällt, das Yttriumoxalat in Nitrat übergeführt und in die halbgesättigte warme Lösung des letzteren fein verteiltes Yttriumoxyd eingetragen. Die gebildeten unlöslichen basischen Nitrate werden abfiltriert und das Verfahren solange fortgesetzt, bis die Lösung ganz reines Yttrium enthält.

γ) PRANDTL[4]) fraktioniert die Bromate und unterwirft das so erhaltene, nur mit etwas Erbium verunreinigte Yttrium einer fraktionierten basischen Fällung mit Ammoniak in Gegenwart von Zinknitrat und Ammoniumnitrat.

E. Die Trennung des Scandiums von den übrigen Erden.

Die Trennung des Scandiums von den übrigen Erden ist aus den wiederholt besprochenen Gründen eine verhältnismäßig

---

[1]) KENDALL u. CLARKE: Proc. Nat. Acad. Washington Bd. 11, S. 393. 1925. — KENDALL u. WEST: J. Am. Chem. Soc. Bd. 48, S. 2619. 1926.
[2]) FOGG u. JAMES: J. Am. Chem. Soc. Bd. 44, S. 307. 1922.
[3]) Vgl. O. HÖNIGSCHMID u. A. MEUWSEN: Z. anorg. Chem. Bd. 140, S. 344. 1924.
[4]) Vgl. O. HÖNIGSCHMID u. A. MEUWSEN: l. c.

leichte Aufgabe. Man bedient sich am besten der folgenden Methoden[1]):

I. Der mit Soda neutralisierten Lösung der seltenen Erden wird Natriumthiosulfat zugesetzt, wodurch Scandium und evtl. vorhandenes Thorium als basisches Thiosulfat gefällt werden.

II. Man versetzt die Lösung der Erden mit Natriumsilikofluorid, wobei sich das Scandium und das evtl. vorhandene Thorium als Fluorid (Silicofluorid?) abscheidet.

Um das Scandium vom Thorium, mit dem es eine ziemlich große Ähnlichkeit zeigt (vgl. S. 19), zu trennen, schlägt R. J. MEYER vor:

a) Durch andauerndes Kochen der Lösung mit Natriumcarbonat das Scandium als das schwerlösliche krystallisierte Komplexsalz $Sc_2Na_8(CO_3)_7 \cdot 6\ H_2O$ abzuscheiden;

b) das Scandium aus weinsaurer Lösung mit Ammoniak in Form eines schwerlöslichen Komplexsalzes auszufällen;

c) das Scandium durch Behandlung des schwerlöslichen Fluoridgemisches mit Ammoniumfluorid als Ammoniumscandiumfluorid in Lösung zu bringen;

d) aus stark salpetersaurer Lösung das Thorium mit einem Überschusse von Kaliumjodat als Thoriumjodat zu fällen;

e) das $ThCl_4$, das etwas leichter sublimiert als das $ScCl_4$, abzutreiben. Die letzte Methode wird nicht empfohlen, die vorletzte nur, wenn wenig Scandium vorhanden ist.

V. Die Größe der Ionen der seltenen Erden und deren Bedeutung für Isomorphie und Polymorphie.

Die Größe und Ladung sowie die Polarisierbarkeit der Ionen bestimmen deren chemisches Verhalten, und die Betrachtung dieser Größen führt u. a. zum Verständnis der Isomorphie, einer Erscheinung, der in der Chemie und nicht weniger in der Geochemie der seltenen Erden eine außerordentlich wichtige Rolle zukommt.

A. Die absolute Größe der Ionen.

Die absolute Größe (a) der Ionen von Scandium, Yttrium und Lanthan berechnet sich[2]) aus einer Konstanten a', aus der Haupt-

---

[1]) MEYER, R. J.: Z. anorg. Chem. Bd. 86, S. 257. 1914. — STERBA-BÖHM, J.: Z. Elektrochem. Bd. 20, S. 289. 1914.

[2]) GRIMM, H. G. u. H. WOLFF: Z. phys. Chem. Bd. 119, S. 254. 1926. —

quantenzahl n, aus der Kernladungszahl Z und der Abschirmungskonstante s (die den Betrag angibt, um welchen die Anziehung der Elektronen durch die Kernladung infolge ihrer gegenseitigen Abstoßung verringert wird, und die man aus optischen oder röntgenspektroskopischen Daten ermittelt) nach der Formel

$$a = a' \frac{n^2}{Z-s}.$$

Dabei ist a' für alle Perioden annähernd konstant und kann darum etwa aus der Größe der Alkali- oder der Halogenionen ermittelt werden.

Um die Radien der Ceride berechnen zu können, müssen die Gitterkonstanten oder die Molekularvolumina herangezogen werden. Eine zur Berechnung dieser Größen dienende Gleichung lautet:

$$k_e = (k_Y - k_{Sc}) \frac{r_Y - r_{Sc}}{r_Y - r_{Sc}} + k_{Sc} = 0{,}180\, r_E - 1{,}084.$$

wo k die Ionengröße und r die Gitterkonstante bedeutet.
Die Ergebnisse sind aus der Tabelle 42 ersichtlich.

Tabelle 42.

Element	Ionenradius in Å	Element	Ionenradius in Å
Sc	0,681	Gd	0,861
Y	0,827	Tb	0,845
		Dy	0,832
La	1,004	Ho	0,823
Ce	0,939	Er	0,816
Pr	0,910	Tu	0,812
Nd	0,900	Yb	0,789
Sm	0,872	Cp	0,785
Eu	0,871		

Vergleicht man den so erhaltenen Radius des Y^{+++} mit dem des Sr^{++}, oder des La^{+++} mit dem des Ba^{++}, so beträgt der Unterschied nur gegen 5%, will man aber die Wirkung dieser Ionen z. B. auf ein O^{--}- oder Cl^--Ion vergleichen, so muß man

---

GRIMM, H.: ebenda Bd. 122, S. 177. 1926. — Vgl. ferner den Beitrag von GRIMM und von HERZFELD im Bd. XXII des Handb. d. Physik über die Größe der Ionen u. dgl., wo u. a. eine Reihe von Abhandlungen von K. FAJANS und K. F. HERZFELD über diesen Gegenstand besprochen werden.

sich gegenwärtig halten, daß nicht nur die Ladung des Y^{+++} sich auf eine etwas kleinere Oberfläche verteilt als die des Sr^{++}, sondern es ist auch zu beachten, daß im ersten Falle drei statt zwei Ladungseinheiten vorhanden sind, wodurch die elektrische Feldstärke im Falle des Y^{+++} viel stärker wird als im Falle des Sr^{++}. Das YCl_3 ist zwar eine noch ganz ausgeprägt salzartige Verbindung mit hohem Siedepunkt, guter elektrischer Leitfähigkeit[1]) im geschmolzenen Zustande, mit geringer Tendenz zur Hydrolyse usw., aber doch weniger heteropolar als das $SrCl_2$. Gehen wir zum nächst rechtsstehenden Ion, zum Zr^{++++} über, so sehen wir die Wirkung der Ladungszunahme schon in ganz ausgeprägtem Maße: Das Chlorid sublimiert bereits bei 200°, es leitet schlecht, es hydrolysiert sehr kräftig.

Betrachten wir die Erscheinung der Isomorphie, die darin besteht, daß Substanzen analoger chemischer Formel auch eine Analogie in der Krystallstruktur aufweisen, so sieht man besonders deutlich, wie Größe und Ladung der Ionen sich in ihrer Wirkung ergänzen[2]). Zwei so verschiedene Verbindungen wie $BaSO_4$ und $KMnO_4$ können z. B., wie GRIMM gezeigt hat, Mischkrystalle bilden, es wird dies nur dadurch ermöglicht, daß die Unterschiede der Ladung und der Größe der Ionen sich kompensieren; das Ba^{++} ist z. B. um 25% größer als das K^+, trägt dafür die doppelte Ladung und erreicht mit deren Hilfe die erforderliche Feldstärke. In der scheinbaren Ionengröße oder Wirkungssphäre der Ionen, wie sie sich aus den Gitterdimensionen ergibt, äußert sich bereits die Resultante von Größe und Ladung des Ions, und bei der Betrachtung der Isomorphie und ähnlicher Erscheinungen bedient man sich mit großem Nutzen dieser leicht zugänglichen Größen.

Wie wir bereits besprochen haben (S. 104), ist es KENDALL und CLARK gelungen, mit der Hilfe der Wanderungsmethode einzelne seltene Erden voneinander weitgehend zu trennen. Nun hängt die Ionenbeweglichkeit in erster Linie von der Größe des Ions ab, die ja, wie wir sahen, für benachbarte seltene Erden sehr wenig

---

[1]) Vgl. die Übersicht von W. BILTZ: Z. anorg. Chem. Bd. 133, S. 311. 1924, ebenda Bd. 152, S. 267. 1926 über die Leitfähigkeit der geschmolzenen Chloride.

[2]) GRIMM, H. G.: Z. f. Elektrochem. Bd. 28, S. 75. 1922; Bd. 30, S. 468. 1924.

verschieden ist; daß die Trennung von seltenen Erden, wie z. B. die des Samariums vom Gadolinium, ihnen trotzdem gelungen ist, suchen KENDALL und WEST[1]) darauf zurückzuführen, daß die Verschiedenheit der Besetzung der 4-quantigen Bahnen eine Verschiedenheit in der Hydratation dieser Ionen zur Folge hat, die dann einen verhältnismäßig großen Unterschied der Wanderungsgeschwindigkeiten verursacht.

B. Die scheinbare Ionengröße (Wirkungssphäre).

Die Atomabstände im Krystallgitter liefern die Summe von zwei scheinbaren Ionengrößen[2]); z. B. ist der Abstand des Na^+ und F^- im Natriumfluoridgitter gleich der Summe der Wirkungsradien der beiden Ionen. Die Kenntnis der scheinbaren Größe des F^- aus optischen Daten[3]) ermöglicht es z. B., die Größe des Na^+ und dann durch Kombination auch die Größe der übrigen Ionen zu berechnen. Allerdings sind die Wirkungssphären nur innerhalb gewisser Strukturtypen und auch da nur annähernd konstant, und die Betrachtung von niedrigsymmetrischen Strukturen verlangt außerdem das Anbringen von oft sehr wesentlichen Korrekturen. Trotz aller dieser Beschränkungen liefert die Betrachtung der scheinbaren Ionenradien (die wir im folgenden kurz nur als Ionenradien bezeichnen werden), wie V. M. GOLDSCHMIDT[4]) kürzlich hervorgehoben hat, einen sehr wertvollen Überblick über die Verhältnisse der Isomorphie, Polymorphie u. dgl.

Aus der Größe des F^- und den Gitterkonstanten der Alkalihalogenide berechnen sich z. B. die Radien der Alkali- sowie Halogenionen wie folgt:

F^-	Cl^-	Br^-	I^-	
1,33	1,81	1,96	2,20	Å

Li^+	Na^+	K^+	Rb^+	Cs^+	
0,78	0,98	1,33	1,49	1,65	Å

Allerdings muß hervorgehoben werden, daß bereits bei der Berechnung der Gitterabstände von CsCl, CsBr und CsI — die

---

[1]) KENDALL und WEST, J. Amer. Chem. Soc. Bd. 48, S. 2612. 1926.
[2]) BRAGG, W. L.: Phil. Mag. Bd. 40, S. 169. 1920; Bd. 2, S. 26. 1926. — NIGGLI: Z. f. Kristall. Bd. 56, S. 167. 1921.
[3]) WASASTJERNA, J. A.: Soc. Scient. Fenn. Comm. Phys. Bd. 38, S. 22. 1923.
[4]) GOLDSCHMIDT, V. M.: Geochemische Verteilungsgesetze VII. 1926.

nicht mehr im NaCl-Typus, sondern im verwandten CsCl-Typus krytsallisieren — die berechneten Abstände etwa 3% zu klein ausfallen und daß die berechneten Gitterdimensionen im Falle des AgCl, AgBr und AgI infolge der starken Polarisierbarkeit des Ag^+[1]) sogar 6 bis 10% zu groß ausfallen, obschon die letztgenannten Krystalle dem NaCl-Typus angehören.

Um die Gitterdimensionen der Alkalimetalle zu berechnen, muß man für die Ionenradien etwa die Werte

Li^+ -	Na^+ -	K^+ -	Rb^+ -	Cs^+ -
1,56	1,86	2,23	2,36	2,55

ansetzen.

Es sind das die Wirkungsradien der „neutralen Atome", die von den zuerst besprochenen Radien der Ionen ganz wesentlich verschieden sind. Unter sich vergleichbar sind dagegen der Natriumchloridtypus, Caesiumchloridtypus, Fluorit- und Rutiltypus, und man kann z. B. die Gitterdimensionen des CaF_2 (Fluorittypus) oder MgF_2 (Rutiltypus) aus den Ionenradien, wie sie den im Natriumchloridtypus krystallisierenden Verbindungen zukommen, mit ziemlich guter Annäherung berechnen. Ebenso sind Wurzittypus und Zinkblendetypus kommensurabel. Den Ionenradius des Sc^{+++} und des Y^{+++} berechnet GOLDSCHMIDT durch Extrapolation aus denen der Nachbarionen. Dadurch erfahren wir den Zuwachs der Ionenradien beim Übergang $Sc^{+++} \to Y^{+++}$ (0,23 Å); aus diesem Wert und der gleichfalls bekannten Größe des Zuwachses der Gitterkonstante der Oxyde beim Übergang $Sc^{+++} \to Y^{+++}$ (0,81 Å) ergibt sich ein Proportionalitätsfaktor, der dann erlaubt, aus der bekannten Gitterkonstante der übrigen Erden deren Ionenradien zu berechnen. Wir wollen dem obigen noch hinzufügen, daß der durch Extrapolation gewonnene Wert für die Größe des Sc^{+++} durch die Berechnung dieser Größe aus dem Abstand Sc—O (2,16 bis 2,20 Å) und dem bekannten Sauerstoffradius recht nahe bestätigt wurde.

Für die scheinbaren Ionenradien der seltenen Erden sind folgende Werte berechnet worden[2]):

---

[1]) Vgl. dazu K. FAJANS: Naturwissensch. Bd. 11, S. 165. 1923 und dessen Beitrag zu Eders Handbuch der Photographie. 1926.

[2]) GOLDSCHMIDT: Verteilungsgesetze VII, S. 31. 1926.

Sc^{+++}	Y^{+++}	La^{+++}	Ce^{+++}	Pr^{+++}	Nd^{+++}	Sm^{+++}	Eu^{+++}
0,83	1,06	1,22	1,18	1,16	1,15	1,13	1,13
Gd^{+++}	Tb^{+++}	Dy^{+++}	Ho^{+++}	Er^{+++}	Tu^{+++}	Yb^{+++}	Cp^{+++}
1,11	1,09	1,07	1,05	1,04	1,04	1,00	0,99

wobei die Werte für Ce^{+++}, Pr^{+++} und Nd^{+++}, von deren Oxyden die reguläre C-Modifikation (s. S. 116) nicht bekannt ist, durch eine Interpolation gewonnen sind.

Eine wichtige Anwendung dieser Zahlen ist ihr Vergleich mit kommensurablen Radien anderer Ionen; unterscheiden sie sich wenig, so ist damit die Isomorphie ermöglicht und wir können dann von vornherein erwarten, die betreffenden Ionen im Mineralreiche vergesellschaftet zu finden. So fällt die Größe des Ca^{++} (1,06) mit der des Y^{+++} (1,06) zusammen und der Wert des Sr^{+++} (1,27) ist nur wenig größer als der des La^{+++} (1,22). Dementsprechend bilden Verbindungen des Calciums, Strontiums, des Bleis usw. mit denen der 3-wertigen Erden leicht Mischkrystalle, wie es insbesondere ZAMBONINI und CAROBBI[1]) an einer großen Reihe von Beispielen gezeigt haben. Ersetzt man im CaF_2 über 50% der Calciumatome mit Yttriumatomen, so erleidet die Gitterkonstante nur eine Vergrößerung von weniger als $1/2\%$; wir treffen also ähnliche Verhältnisse an wie beim Ersetzen von Gold durch Silber im Mischkrystall dieser Metalle. Es ist ferner gelungen, einen künstlichen Chlorapatit mit einem Samariumphosphatgehalt von 13,6% darzustellen[2]). Der größeren Ähnlichkeit der Wirkungssphäre der Ionen von Calcium und Yttrium ist es auch zuzuschreiben, daß sich sehr große Mengen von Yttrium und von anderen seltenen Erden in Calciummineralien „camoufliert" finden[3]). Daß im Erdgemisch, das aus Strontiummineralien isoliert worden ist, GOLDSCHMIDT, in dem aus Bleimineralien (Pyromorphit und Mimetesit) entstammenden CAROBBI und RESTAINE[4]) das Europium angereichert fanden, erklärt sich gleichfalls durch

---

[1]) ZAMBONINI: Atti d. Reale Accad. dei Lince Bd. 33, S. 16. 1924. — CAROBBI, G.: Atti d. Reale Accad. dei Napoli Bd. 31, S. 1. 1925.
[2]) CAROBBI, G.: Atti d. Reale Accad. dei Napoli Bd. 31, S. 83. 1925.
[3]) GOLDSCHMIDT, V. M.: Geochemische Verteilungsgesetze VII, S. 89. 1926.
[4]) CAROBBI u. RESTAINE: Atti d. Reale Accad. dei Napoli Bd. 32, S. 17. 1926. — CAROBBI: l. c. S. 54.

die Ähnlichkeit der Größe der effektiven Radien der Ionen des Eu, Sr und Pb.

Die Größe des Ho^{+++} (1,05) fällt mit der des Tl^{+++} (1,05) zusammen[1]). Daß die Größe des Bi^{+++} von denen der Lanthanide nicht wesentlich verschieden sein kann, folgt wieder aus der Isomorphie der Wismutverbindungen. Das Zr^{++++} ($r = 0{,}87$) ist nur wenig größer als das Sc^{+++}, woraus sich das gemeinsame Vorkommen des Zirkoniums und Scandiums im Thortveitit, aber auch im Zirkon usw. erklärt (vgl. S. 125). Für Ce^{++++}, Pr^{++++} und Tb^{++++} berechnen sich[2]) die Werte der Radien zu 1,02, 1,00 und 0,89. Man bemerke den Unterschied zwischen Ce^{+++} 1,18 Å und Ce^{++++} 1,02 Å, wozu wir noch hinzufügen wollen, das sich für den Radius des freien Metalls der wesentlich höhere Wert von 1,83 Å berechnet[2]); ein und dasselbe Element besitzt eben in verschiedenen ,,Zuständen'' einen verschiedenen Raumbedarf. CROOKES hat übrigens bereits die Gegenwart von Yttrium und Samarium in Kalk- und Strontiummineralien durch Kathodenluminescenz nachgewiesen.

1. Ionengröße, Krystallstruktur und Polymorphie.

Auch für den Typus, in welchem eine Verbindung krystallisiert, sind die Eigenschaften der aufbauenden Atome resp. Ionen von ausschlaggebender Bedeutung. So hat F. HUND[3]) an Verbindungen der Typen AX und AX_2 den Einfluß der nicht-COULOMBschen Abstoßungsexponenten und den Einfluß der Polarisierbarkeit auf den Krystalltypus theoretisch ableiten können, und es ist ihm gelungen, das Auftreten der verschiedenen Gittertypen rein energetisch zu erklären: diejenige Struktur ist die stabilste, die bei gegebenen Ionen zu der größten Gitterenergie führt. Bei diesen Überlegungen spielt die scheinbare Größe der den Krystall aufbauenden Ionen, resp. deren Verhältnis eine ausschlaggebende Rolle. H. G. GRIMM und A. SOMMERFELD[4]) sowie K. F. NIESSEN[5]) behandelten die Beziehungen zwischen dem Auftreten der

---

[1]) Über die Isomorphie der Erden mit Thallium vgl. F. ZAMBONINI u. G. CAROBBI: Atti d. Reale Accad. dei Lincei Bd. 1, S. 8. 1926.
[2]) GOLDSCHMIDT, V. M.: l. c. S. 38.
[3]) HUND, F.: Z. f. Phys. Bd. 34, S. 833. 1925.
[4]) GRIMM, H. G., u. A. SOMMERFELD: Z. f. Phys. Bd. 36, S. 36. 1926.
[5]) NIESSEN, K. F.: Phys. Z. Bd. 27, S. 299. 1926.

Diamant-Zinkblende-Wurzitstrukturen und dem Platz der Komponenten im periodischen System, V. M. GOLDSCHMIDT[1]) zeigte an sehr vielen Strukturarten die einfachen Beziehungen zwischen dem Größenverhältnis der einzelnen Ionen und dem Strukturtypus der betreffenden Krystalle. Es handelt sich hierbei um das Verhältnis der scheinbaren Ionengrößen, nicht um jenes der wirklichen Ionengrößen. Bereits A. E. VAN ARKEL[2]) konnte übrigens an einigen Krystallarten von Verbindungen der Formel AX_2 zeigen, daß die relativen Ionengrößen auf den Krystallbau bestimmenden Einfluß haben. So krystallisieren ionisierte Verbindungen der Formel RX_2 vorzugsweise im Fluorittypus, falls das Ion R ein relativ großes Volumen einnimmt, hingegen im Rutiltypus, falls R : X kleiner ist. Ist das letztere Verhältnis sogar sehr klein und ist X relativ leicht polarisierbar, so entstehen Molekülgitter oder Schichtengitter. Das Verhältnis $Ce : O = 0{,}77$ genügt noch zur Bildung eines Fluoritgitters, TeO_2 oder PbO_2, wo das Verhältnis der Ionengröße nur noch 0,67 bzw. 0,64 beträgt, krystallisieren bereits im Rutiltypus.

Der Aufbau des Schichtengitters[3]) ist derart, daß eine Schicht von wenig polarisierbaren Ionen beiderseits von je einer Schicht der stark polarisierbaren Ionenart begleitet wird; die 3 Schichten sind in relativ kurzem Abstand parallel gelagert, jedes solche 3-Schichtensystem ist dann vom nächsten parallelen 3-Schichtensystem durch einen relativ großen Abstand getrennt. Beispiele von solchen Schichtengittern sind etwa CdI_2, ZrS_2, $Mg(OH)_2$. Krystalle dieser Art sind an ihrer ausgezeichneten Basisspaltbarkeit leicht erkennbar. Die bei den höchsten Temperaturen beständige A-Krystallart der Sesquioxyde der seltenen Erden, die erst bei den 4 ersten Gliedern der Lanthangruppe röntgenographisch vermessen werden konnte[4]), gehört gleichfalls zum Typus der Schichtengitter. Hier sind die La^{+++} die stark polarisierbaren Ionen, welche zu beiden Seiten der Sauerstoffebenen parallel der Basisfläche angeordnet sind.

---

[1]) GOLDSCHMIDT, V. M.: Geochemische Verteilungsgesetze VI u. VII. 1926.
[2]) VAN ARKEL, A.: Physica Bd. 4, S. 292. 1924.
[3]) HUND, F.: l. c.
[4]) Bei Samarium konnten Reste dieser Krystallart in schnell gekühlten Schmelztropfen des Oxydes durch GOLDSCHMIDT optisch nachgewiesen werden.

Aus der Abhängigkeit des Krystalltypus von Größenverhältnis und Polarisierbarkeit der Ionen folgt auch, daß man durch eine entsprechende Substitution der einzelnen Bausteine der Verbindung von einem Typus zu einem anderen übergehen kann. Calciumcarbonat krystallisiert z. B. sowohl als Kalkspat wie als Aragonit; ersetzen wir in dieser Verbindung das Kation durch ein kleineres analoges Ion, so kann die resultierende Verbindung nur noch im Kalkspattypus krystallisieren, wogegen der Ersatz des Ca^{++} durch ein größeres Ion zur Folge hat, daß die entstehende Verbindung nur im Aragonittypus krystallisiert, wie das die folgende, der Abhandlung von V. M. Goldschmidt[1]) entnommene Zusammenstellung zeigt:

$LiNO_3$		
$NaNO_3$	$MgCO_3$	Kalkspattypus
KNO_3	$CaCO_3$	
KNO_3	$CaCO_3$	Aragonittypus
	$SrCO_3$	
	$BaCO_3$	

Für unsere Betrachtung ist es von Interesse, den Fall des Überganges vom Perowskittypus zum Korund-Ilmenittypus zu betrachten und unsere Aufmerksamkeit auf die folgende, gleichfalls von V. M. Goldschmidt herrührende Zusammenstellung zu lenken:

	$MgTiO_3$ 0,76			
	$FeTiO_3$ 0,78			Korund-Ilmenit-Typus
$LiNbO_3$ 0,74	$MnTiO_3$ 0,80	$AlAlO_3$ 0,71	$GaGaO_3$ 0,71	
$BaNbO_3$ 0,81	$CaTiO_3$ 0,86	$YAlO_3$ 0,89	$LaGaO_3$ 0,93	
$KNbO_3$ 0,93	$SrTiO_3$ 0,91	$LaAlO_3$ 0,95		Perowskittypus
	$BaTiO_3$ 0,99			

Die Zahlen der Tabelle geben das Verhältnis der Ionengrößen an, richtiger

$$\frac{R_A + R_X}{\sqrt{2}\,(R_B + R_X)},$$

wo A die erste, B die zweite, X die dritte Ionenart bedeutet. Man sieht, daß eine Verkleinerung der Krystallbausteine A zum

---

[1]) Geochemische Verteilungsgesetze VII, S. 26. 1926.

Übergang von der Perowskitstruktur zur Korundstruktur führt, ein Ergebnis, zu dem übrigens auch eine alternative Vergrößerung von B führt, wie das etwa das Beispiel des FeMnO$_3$ zeigt, das im Perowskittypus krystallisiert, das $\overset{4+}{\text{Fe}}\text{TiO}_3(\overset{4+}{\text{Ti}} > \text{Mn})$ dagegen im Korund-Ilmenittypus.

Auf dem Wege einer geeigneten Substitution gelangt man auch von einer Perowskitstruktur zu einer Sesquioxydstruktur. Wird im YAlO$_3$ das Yttrium durch Aluminium ersetzt, so entsteht Al$_2$O$_3$ von Korundtypus. Das Auftreten des letzteren ist an die Bedingung $R_A : R_X < 0{,}60$ geknüpft, die im Falle des Al$_2$O$_3$ erfüllt ist, ersetzt man aber im YAlO$_3$ nicht das Y durch Al, sondern das Al durch das größere Y, so erlaubt das nunmehr zu große Verhältnis $R_A : R_X$ nicht mehr das Krystallisieren im Korundtypus, es entsteht vielmehr die oben besprochene C-Krystallart des Yttriumsesquioxyds.

Ähnliche Überlegungen[1]) erklären auch, weshalb trotz ihrer nahen Verwandtschaft YPO$_4$ (Xenotim) und CePO$_4$ (Monazit) in verschiedenen Systemen krystallisieren[1]). Xenotim krystallisiert analog dem Zirkon (ZrSiO$_4$) und dem Thorit (ThSiO$_4$). Die Struktur dieser Gebilde wird dadurch gekennzeichnet, daß das Radikal BX$_4$ zwar einerseits durch die stark polarisierende Wirkung des kleinen und hochgeladenen Si oder P zusammengehalten wird, andererseits das Zr^{+++}, Th^{++++} bzw. Y^{+++} eine kontrapolarisierende Wirkung ausübt, welche BX$_4$ wieder zum Teil aufspaltet, wodurch die tetragonale, den Koordinationsgittern der Dioxyde AX$_2$ sehr nahe verwandte Struktur des Zirkons, Thorits und Xenotims entsteht. Ersetzt man aber das Y^{+++} durch Ce^{+++}, so vermag das letztere infolge seines zu großen Radius (der um 11% größer ist als der des Y^{+++}) nicht mehr die erforderliche kontrapolarisierende Wirkung auszuüben, an die ein genügendes Auseinanderziehen des PO$_4$ geknüpft ist, und das CePO$_4$ krystallisiert infolgedessen nicht mehr im Xenotimtypus, sondern monoklin.

2. Die Krystallarten A, B und C der Sesquioxyde der seltenen Erden.

Die Krystallart C der Sesquioxyde ist charakteristisch für die Yttererden, während sie für die 4 ersten Glieder der Lanthan-

---

[1]) GOLDSCHMIDT, V. M.: l. c.

gruppe nicht bekannt ist. Sie ist regulär: die Raumgruppe ist $T-5$ (T^5). Von den insgesamt 32 Metallatomen im Elementarwürfel werden 3 verschiedene Gruppen von Punktlagen mit einem Einheitsgrad eingenommen, nämlich 2×12 Lagen der Symmetrie C_2 und um 8 Lagen der Eigensymmetrie C_3. Die Sauerstoffatome sind in 2×24 Punktlagen allgemeiner Art angeordnet[1]). Das Gitter kann etwa aus dem Fluoritgitter der Dioxyde abgeleitet werden, indem $^1/_4$ der Sauerstoffatomzahl entfernt wird und wo dann die Metallatome und die übrigen $^3/_4$ der Sauerstoffatome demzufolge die hochsymmetrische Position des Fluoridgitters verlassen. Immerhin kann das Gitter auch als Koordinationsgitter aufgefaßt werden.

Die Krystallart C gelangt erstmalig beim Sm_2O_3 zum Nachweis, doch bildet sich bei einer 730° übersteigenden Temperatur bald ein Gemenge der Krystallarten C und B_1. Die Krystallart B umfaßt nämlich 2 Untergruppen, B_1 und B_2. B ist wahrscheinlich pseudotrigonal, 2-achsig. Sie wurde bei den Elementen Pr, Nd, Sm, Eu, Gd und Dy beobachtet. Starke Linien der wahrscheinlich trigonalen Krystallart B_2 sind im Diagramm des auf 800° erhitzten Gd beobachtet worden. Anzeichen der Krystallart B_2 traten auch beim Sm_2O_3 und Nd_2O_3 auf. Abb. 14 zeigt die Umwandlungskurven der 3 Krystallarten. Man sieht, daß bereits im Falle des Europiums die A-Modifikation nur oberhalb 2000° beständig ist und daß andererseits die C-Modifikation der 4 ersten Lanthanide erst bei ganz tiefer Temperatur erhalten werden konnte.

Mischkrystalle des Y_2O_3 mit Indiumoxyd, Thalliumoxyd bzw. Wismutoxyd sind gleichfalls hergestellt worden. La_2O_3 sowie im geringeren Maße die Oxyde der übrigen seltenen Erden bilden auch mit Al_2O_3 Mischkrystalle, doch besteht bereits bei der Erstarrungstemperatur eine Mischungslücke, die bei sinkender Temperatur in Ausdehnung zunimmt.

Die Krystallart A ist bei den höchsten Temperaturen beständig. In der Reihe der Lanthanide steigen die Umwandlungspunkte mit zunehmender Ordnungszahl, infolgedessen konnten die A-Krystalle der Sesquioxyde nur bei La, Ce, Pr, Nd und Sm dargestellt werden. Wie bereits erwähnt, ist die Struktur dieser Oxyde die eines

---

[1]) Nach W. ZACHARIASEN vgl. GOLDSCHMIDT: Geochemische Verteilungsgesetze Bd. VII, S. 30. 1926.

Schichtengitters. Nach ZACHARIASEN[1]) ist jedes Metallatom von 3 Sauerstoffatomen in demselben Abstand (2,10 Å bei Nd_2O_3 bis 2,15 Å bei La_2O_3) umgeben, jedes Sauerstoffatom von 2 Metallatomen. Der kleinste Abstand je zweier Sauerstoffatome beträgt 1,70 Å, während der Radius des Ions O in Koordinationsgittern 1,32 Å beträgt, entsprechend der Entfernung O—O = 2,64 Å.

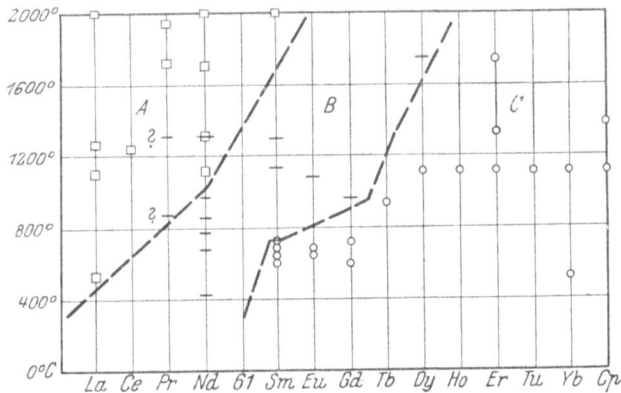

Abb. 14. Umwandlungskurven der Krystallarten der Sesquioxyde.

Die Symmetrieklasse der Krystallstrukturen der isomorphen Verbindungen La_2O_3, Ce_2O_3, Pr_2O_3 und Nd_2O_3 ist die trigonal-trapezoedrische. Die Dimensionen der hexagonalen Elementarzelle, die ein Molekül R_2O_3 enthält, berechnen sich für La_2O_3 zu $a = 3{,}93$ Å, $c = 6{,}12$, für Ce_2O_3: $a = 3{,}88$ Å, $c = 6{,}06$ Å, für Pr_2O_3 zu $a = 3{,}85$ Å, $c = 6{,}00$ Å und für Nd_2O_3 zu $a = 3{,}84$ Å, $c = 6{,}01$ Å. Die Raumgruppe ist D_3^2.

VI. Das Vorkommen und die Häufigkeit der seltenen Erden.

In den die seltenen Erden enthaltenden Mineralien sind stets alle oder zumindest die meisten Glieder dieser Gruppe enthalten. Dieser Tatbestand war den mit den seltenen Erden sich beschäftigenden Chemikern schon seit langer Zeit bekannt, wie auch die weitere Tatsache, daß in einigen Mineralien die basischeren, in einigen anderen die edleren seltenen Erdelemente vorherrschen. Die beiden Gruppen von Mineralien erhielten ihren Namen nach

---

[1]) ZACHARIASEN, W.: Z. phys. Chem. Bd. 123, S. 134. 1926.

118 Das Vorkommen und die Häufigkeit der seltenen Erden.

Tabelle 43. Die relative Spektralintensität der einzelnen

	La 57	Ce 58	Pr 59	Nd 60	61
Monazit, Ånnerød	4	6	3	5	—
Monazit, Narestø	4	6	3	4	—
Monazit, Ramskjær	4	6	3	4	1?
Yttererden aus Monazit, Ramskjær	4—5	—	3—4	6	1?
Monazit, Lilleholt	4—5	6	3	5	—
Monazit, Landsverk	4	6	3	5	—
(Monazit, Kårarfved, HADDING)	5	10	6	7	—
Bastnæsit, Madagaskar	4	5	3	3—4	—
(Fluocerit, Østerby, HADDING)	—	8	4	6	?
Cerit, Riddarhyttan	2—3	4—5	2	2—3	—
Törnebohmit, Riddarhyttan	3	4—5	2	3	—
Orthit, Kalstadgangen	1—2	2—3	1	2	—
Erden aus Orthit, Kalstadgangen	4	6	3—4	5	1?
Orthit, Nes Jernverk	2	4	2	3	—
Orthit, Hundholmen	3	5	2	3	—
Erdenfraktion aus Orthit, Hundholmen	5	2	5	6—7	1?
Freyalith, Langesundsfjord	4	5	1	2—3	—
Tritomit, Langesundsfjord	4	6	1	2	1?
Erden aus Melanocerit, Langesundsfjord	9	sehr viel	4—5	7	1?
Erden aus Eukolit, Langesundsfjord	2—3	4	1—2	3	—
Mosandrit, Langesundsfjord	2	4	1	2—3	—
Erden aus Apatit, Spidsholt	2	5	3	4	—
Erden aus Apatit, Ødegården	3	5	3	5	(?)
Erden aus Apatit, Kragerø	3	6—7	3	5	—
Erden aus Apatit, Tvedestrand	3	7	3	5	—
Erden aus Ægiriń (Akmit), Rundemyr	3	5	2—3	4	—
Erden aus Brøggerit, Karlshus	2	3	2	4	—
(Yttrofluorit, Hundholmen, VOGT)	—	1	—	1—2	—
Erden aus Yttrofluorit, Hundholmen	1—2	4	2	4	—
Xenotim, Holer, Råde	—	—	—	—	—
Xenotim, Narestø	—	—	—	—	—
Xenotim, Ivedal	—	—	—	—	—
(Xenotim, Hundholmen, VOGT)	—	—	—	—	—
Xenotim, Langesundsfjord	—	—	—	1	—
Fergusonit, Høgtveit	—	—	—	—	—
Erden aus Fergusonit (Sipylit), Amherst, Virginia	—	3	1—2	4	—
Erden aus Samarskit, Aslakstaket	1	1—2	1	2—3	1?
Erden aus Yttrotantalit, Hattevik	1?	1	1	2—3	—
Erden aus Euxenit, Ramskjær	—	viel	1	3	—
Erden aus Euxenit, Alve	—	1	1	2—3	—
Erden aus Polykras, Hitterø	—	2	—	3	—
Erden aus Blomstrandin, Hitterø	—	2	—	2—3	—
Blomstrandin, Sætersdalen	—	1	—	1	—
Erden aus Blomstrandin, Miask	1—2	viel	1	4	—
Erden aus Yttrotitanit, Buø	1	3	1—2	3—4	—
Erden aus Yttrotitanit, Grimstad	1	2	1	2	—
Erden aus Yttrotitanit, Sætersdalen	1	2	?	2	—
Certitanit, Sætersdalen	3	4	2—3	4	1?

Das Vorkommen und die Häufigkeit der seltenen Erden.

Erdelemente nach GOLDSCHMIDT und THOMASSEN.

Sm 62	Eu 63	Gd 64	Tb 65	Dy 66	Ho 67	Er 68	Tu 69	Yb 70	Cp 71	Yttrium
3—4	—	3—4	—	2	—	1	(?)	1	—	mittelstark
3	—	3	—	1—2	—	1	—	1	—	sehr schwach
2	—	2	—	1	—	—	—	(?)	—	sehr schwach
4—5	1	8	2?	6	1—2?	2—3	(?)	2	—	sehr stark
3	—	2	(?)	1—2	—	1	(?)	1	—	mittelstark
4	—	2	—	1—2	—	1	—	(?)	—	schwach
2—3	—	5	—	—	—	—	—	—	—	mittelstark
1	—	—	—	—	—	—	—	—	—	—
3	—	3	—	—	—	1	—	—	—	mittelstark
1	—	1	—	?	—	1	—	—	—	schwach
1	—	—	—	1?	—	1	—	—	—	schwach
1—2	—	1—2	—	1	—	—	—	—	—	—
3—4	?	2—3	—	1	—	1	—	1	—	sehr schwach
—	—	—	—	—	—	—	—	—	—	schwach
1	—	1	—	—	—	—	—	—	—	schwach
5	2?	6	3?	—	—	—	—	—	—	
—	—	—	—	—	—	—	—	—	—	mittelstark
—	(?)	—	—	—	—	—	—	—	—	schwach
2—3	—	3	1?	2	?	2	(?)	1—2	?	mittelstark
1—2	—	1—2	(?)	2	—	1—2	—	1—2	1?	mittelstark
1	—	—	—	—	—	—	—	—	—	schwach
3	(?)	3	—	2	—	1	(?)	1	1?	mittelstark
3	—	4	—	3	—	2	—	2	1—2?	mittelstark
3	—	3	—	3	1—2?	2	(?)	2	1—2?	stark
3	—	3	—	2	?	2	(?)	1—2	1?	mittelstark
3	(?)	3	1?	3	1—2?	3	(?)	3	1?	stark
5	(?)	6	2	6—7	2	3	1	3	2	sehr stark
1	—	2	—	2	—	2	—	2	1?	sehr stark
3	(?)	4	1?	4	1?	3—4	2	3—4	2?	sehr stark
—	—	2—3	—	3	1?	4	1?	4	2	sehr stark
2	—	3—4	1	4	2?	4	1	5	2—3	sehr stark
1?	—	2—3	1	4	2?	5	1	5	2—3	sehr stark
—	—	2—3	1	3	1?	3	(?)	3	1?	sehr stark
1	—	3	1	3	1?	3	1	3	1—2?	sehr stark
1	—	1—2	—	3	1?	3	(?)	4	2?	sehr stark
4	(?)	5	2	5—6	?	5	2	4—5	3—4?	sehr stark
3	(?)	3—4	1—2	4	2	3	1	4	2	sehr stark
3	(?)	3—4	2	4	?	3	(?)	1—2	—	sehr stark
3	(?)	4	2	5	?	4	1	4	2	sehr stark
3	(?)	3—4	2(?)	4—5	2?	4	2	5	3	sehr stark
2—3	—	3—4	1—2	4—5	2	3	1	4	2	sehr stark
3	(?)	5	2	5	2—3	5	1	5	3	sehr stark
1	—	2	(?)	2—3	?	2—3	(?)	3	2?	sehr stark
4	(?)	5—6	3?	6	3	6	3	6	4	sehr stark
3	(?)	4	2	5	2?	4	1—2?	4—5	2—3	sehr stark
1	—	1	—	1	—	1	—	1	—	mittelstark
1—2	—	1—2	—	2	1?	2	(?)	3	1?	mittelstark
1	—	1—2	—	1—2	—	1	—	—	1?	schwach

der in ihnen in größter Menge vorkommenden Erde, der Cer- bzw. Ytthererde. Die verhältnismäßig leichte analytische Nachweisbarkeit dieser beiden Erden[1]) trug noch dazu bei, daß ihre vorherrschende Natur zu voller Geltung kam. Quantitative Schätzungen der Häufigkeit der einzelnen Erden wurden nur in einzelnen Fällen angestellt. So wurde z. B. das Verhältnis von Neodym und Praseodym im Orthit und Cerit durch den Vergleich der Intensität ihrer Absorptionsbanden zu rund 2 bestimmt[2]), und aus der Größe der Ausbeute, welche AUER v. WELSBACH bei der Spaltung des MARIGNACschen Ytterbiums in seine Bestandteile erhielt, schätzte er, daß im Gadolinit etwa 10 mal mehr Ytterbium wie Cassiopeium enthalten sei. Die Erfahrung der präparativen Chemiker und der Spektroskopiker über die relative Häufigkeit der Elemente der seltenen Erden mit gerader und mit ungerader Atomnummer genügten ferner, um als Stütze herangezogen zu werden für die Richtigkeit einer von ODDO und HARKINS[3]) aufgestellten Regel, wonach Elemente ungerader Atomnummer seltener sind als solche gerader Atomnummer. Es ist dies eine Regel, auf die wir noch im weiteren zurückkommen werden. Ferner waren wir auch über die Verteilung und das Vorkommen des Scandiums besonders gut unterrichtet[4]), da dessen optisches Spektrum außerordentlich leicht zu erregen ist. Vor der Einführung der röntgenspektroskopischen Methode schien es aber nahezu hoffnungslos zu sein, zu einer Aufklärung über die quantitative Zusammensetzung des in den verschiedenen Mineralen vorhandenen Gemisches der seltenen Erden zu gelangen. Die Anwendung der Röntgenspektroskopie zu diesem Zwecke wurde zuerst von HADDING vorgeschlagen und an einzelnen Beispielen geprüft, und kurz darauf haben GOLDSCHMIDT und THOMASSEN[5])

---

[1]) Yttrium kann zwar nicht wie das Cerium mit der Hilfe von Farbenreaktionen nachgewiesen werden, doch wird sein Nachweis durch die starke Abweichung seines Atomgewichtes von dem der Lanthanide sowie durch die leichtere Erregbarkeit seines optischen Spektrums erleichtert.

[2]) MUTHMANN u. STÜTZEL: Ber. d. Dtsch. Chem. Ges. Bd. 32, S. 2653. 1899.

[3]) HARKINS, W.: J. Am. Chem. Soc. Bd. 39, S. 856. 1917; Phil. Mag. Bd. 42, S. 319. 1921.

[4]) EBERHARD, G.: Berlin. Sitzungsber. Bd. 20, S. 851. 1908 u. Bd. 22, S. 404. 1910.

[5]) GOLDSCHMIDT, V. M., u. THOMASSEN: Geochemische Verteilungsgesetze III; Osloer Akad. Ber. 1924, Nr. 5.

eine sehr umfassende Untersuchung über die Häufigkeit der einzelnen Lanthanide sowie des Yttriums angestellt, eine Untersuchung, die sich auf nahezu alle wichtigeren seltene Erden enthaltende Mineralien erstreckte und der wir eine außerordentliche Förderung unserer Kenntnisse über die relative Häufigkeit der erwähnten Elemente verdanken. HADDING, sowie GOLDSCHMIDT und THOMASSEN vergleichen die Intensitäten der Röntgenlinien der einzelnen seltenen Erdelemente in der L-Serie und schließen aus dem Intensitätsverhältnis auf das Mengenverhältnis der Erden im betreffenden Mineral oder in dem daraus gewonnenen Erdgemisch. Ihre Ergebnisse sind aus den Zahlen der Tabelle 43 ersichtlich, welche die relativen Mengen der einzelnen Lanthanide enthielt.

Wir geben im folgenden zuerst eine Übersicht über die wichtigeren Mineralien, die seltene Erden enthalten und besprechen dann im nächsten Abschnitt das Mengenverhältnis der seltenen Erden. In der Zusammenstellung werden wir auch, soweit bekannt, den Gehalt an Cerit- bzw. Yttererden getrennt anführen oder wir werden, falls dies nicht der Fall ist, den Gesamtgehalt an seltenen Erden angeben. Wir werden ihn mit $\sum E$ bezeichnen und werden ferner, falls das Erdgemisch einen ausgesprochenen Cerit- oder Yttercharakter hat, die Bemerkung Cerit bzw. Ytter beifügen. In den Fällen, wo das Mineral von GOLDSCHMIDT und THOMASSEN untersucht worden ist, bringen wir nach dem Namen des Minerals einen Stern (*) an, und falls eine röntgenspektroskopische Untersuchung von HADDING vorliegt, einen Kreis (°).

A. Die seltene Erden enthaltenden Minerale[1]).

Fluoride und Oxyfluoride. Yttrofluorit*, $nCaF_2 + mEF_3$. Ytter = 20 bis 25%; Cerit = 1 bis 2%. Norwegen (Hundholmen).

Tysonit, EF_3. Cerit. Colorado.

Fluocerit°, basisches Fluorid der seltenen Erden. Cerit = 81 bis 83%; Ytter 1 bis 4%. Schweden (Ytterby).

Oxyde. Bröggerit*, Hauptbestandteil UO_2. Ytter = 1 bis 4%; Cerit = 0,4%. Norwegen (Moss).

---

[1]) Eine eingehende Behandlung dieser findet sich bei SCHILLING: Das Vorkommen der seltenen Erden im Mineralreiche. 1904; BRÖGGER: Mineralien der südnorwegischen Granitpegmatite. Oslo 1906 u. 1922; DOELTERS Handbbuch der Mineralchemie. 1908—1924.

Tritomit*, $2\begin{bmatrix}\overset{II}{R}SiO_3\end{bmatrix} \cdot \begin{bmatrix}\overset{III}{R}BO_3\end{bmatrix} \cdot \begin{bmatrix}\overset{IV}{H_2RO_2F_2}\end{bmatrix}$.

$\overset{II}{R} = H_2$, Na_2, Ca, Cerit = 32 bis 35%; Ytter = 5%.
$\overset{III}{R} = E$; $CeO_2 = 11$ bis 12%. Langesund (Norwegen);
$\overset{IV}{R} = $ Ce, Th, Hf, Zr.

Melanocerit*, $12(H_2, Ca)SiO_3 \cdot 3\,EBO_3 \cdot 2\,H_2(Th, Ce)O_2F_2 \cdot 8\,EOF$; Cerit = 41% + $CeO_2 = 4\%$; Ytter = 9%.

Eukolit*-Eudialyt, $\overset{I}{R_4} \cdot \overset{II}{R_3} \cdot Zr(SiO_3)_7$.

$\overset{I}{R} = $ Na, K, H;
$\overset{II}{R} = $ Ca, Fe, Mn, E(OH).

Eudialyt an SiO_2 etwas reicher, an MnO und $E(OH)_3$ etwas ärmer als Eukolit. Cerit = 2 bis 5%; Ytter = 0 bis 0,3%. Norwegen, Grönland, Rußland.

Mosandrit* (Johnstrupit), $\begin{bmatrix}F_2\\(OH)_6\end{bmatrix}\overset{IV}{R_4}\bigg](\overset{I}{R_2})_7\overset{II}{R_{10}}\overset{III}{R_2}(SiO_4)_{12}$;

$\overset{I}{R} = $ H, Na, K;
$\overset{II}{R} = $ Ca(Mg, Mn);
$\overset{III}{R} = $ E(Fe);
$\overset{IV}{R} = $ Ti, Zr, Hf, $\overset{IV}{Ce}$, Th.

Cerit = 10,5%; Ytter = 3,5%; $CeO_2 = 6,3\%$. Langesund (Norwegen).

Thalenit*, $E_2Si_2O_7$. $\sum E = 63\%$. Ytter. Schweden (Österby, Åskagen), Norwegen (Hundholmen).

Thortveitit*, $Sc_2Si_2O_7$. Die norwegischen Vorkommen (Evje und Iveland) enthalten gegen 42% Sc_2O_3 und gegen 9% sonstige Erden vom Yttertyp. Das Vorkommen von Madagaskar (Befanamo) 42% Sc_2O_3 und 0,5% sonstige Erden vom Yttertyp[1]).

Yttrialit, $(E, Th)_2Si_2O_7$. Thoriumhaltiges Orthosilicat der Erden. Yttertyp. Amerika (Texas), Schweden, Norwegen.

---

[1]) Dieses hochinteressante Mineral findet sich ausführlich beschrieben von J. SCHETELIG: Minerale der südnorwegischen Granitpegmatitgänge Bd. II. Oslo 1922. — Über das Scandiummineral Bazzit siehe E. ARTINI: Atti d. Reale Accad. dei Lincei Bd. 24, S. 313. 1915.

Samarskit*, $E_2(Nb, Ta)_2O_7$ und $UO_2(Nb, Ta)_2O_6$. Ytter = 8 bis 21%; Cerit = 1 bis 6%. Nordkarolina, Ural, Schweden, Norwegen.

Yttrotantalit* (an Tantal reicher Samarskit). Ytter = 15 bis 17%; Cerit = 0,4 bis 3%. Schweden, Norwegen.

Euxenit*-Polykras-Reihe $\left\{\begin{array}{l} x \cdot \overset{III}{R}[(Nb, Ta)O_3]_3 \\ y \cdot \overset{III}{R}_2[TiO_3] \end{array}\right\}$; $R^{III} =$ $E[U, Th....]$.

Euxenit, $(Nb, Ta)_2O_5 : TiO_2 \gtreqless 1 : 3$.

Polykras, $(Nb, Ta)_2O_5 : TiO_2 \gtreqless 1 : 4$. Ytter = ca. 30%; Cerit = 2 bis 3%. Norwegen, Australien, Nordkarolina.

Priorit-Blomstrandin*-Reihe, Salze der Metaniobsäure und Metatitansäure, wo $\overset{II}{R} = $ Fe, Ca, Mn, Zn, Pb, Na_2, K_2, (UO), (ThO) und $\overset{III}{R} = E$.

Priorit, $Nb_2O_5(Ta_2O_5) : TiO_2 = 1 : 2$; Ytter = 17%; Cerit = 4%.

Blomstrandin, $Nb_2O_5(Ta_2O_5) : TiO_2 = 1 : 4$ oder $1 : 6$. Ytter = 26 bis 29%; Cerit = 2 bis 2,5%. Norwegen, Ural.

Äschynit ist ein Cerit-Blomstrandin. Cerit = 20 bis 25%: Ytter = 1 bis 3%. Norwegen, Ural, Brasilien.

Betafit, Titanoniobat des Urans. Cerit = 0,6 bis 1,2%; Ytter = ca. 0,9%. Madagaskar.

Wiikit, Silico-titano-niobat. $\sum E = 10\% + $ ca. 1% Sc_2O_3. Finnland.

Silicotitanate. Yttrotitanit* (Keilhauit) ist vermutlich ein Titanit, $CaTiSiO_5$, dessen Ca zum Teil durch E ersetzt ist. $\sum E = 5$ bis 12%. Norwegen.

Silicate. Cerit*, $2 CaO, 3 E_2O_3 \cdot 6 SiO_2 \cdot 3 H_2O$. $\sum E = 59\%$. Cerit. Schweden (Ryddarhyttan).

Törnebohmit*, $R_2 \cdot ROH \cdot (SiO_4)_2$. $\sum E = 62\%$. Cerit. Schweden.

Orthit* (Allanit), s. Erden haltiger Epidot. $\sum E = 4$ bis 51%. Cerit. Norwegen, Schweden, Grönland, Japan[1]).

---

[1]) Über ein Vorkommen in Japan mit $\sum E = 13\%$ siehe K. KIMURA: Jap. J. of Chem. Bd. 2, S. 78. 1925.

Tritomit*, $2\begin{bmatrix}\overset{II}{R}SiO_3\end{bmatrix}\cdot\begin{bmatrix}\overset{III}{R}BO_3\end{bmatrix}\cdot\begin{bmatrix}\overset{IV}{H_2RO_2F_2}\end{bmatrix}$.

$\overset{II}{R} = H_2$, Na_2, Ca,   Cerit = 32 bis 35%; Ytter = 5%.
$\overset{III}{R} = E$; CeO_2 = 11 bis 12%. Langesund (Norwegen);
$\overset{IV}{R} = $ Ce, Th, Hf, Zr.

Melanocerit*, $12(H_2, Ca)SiO_3 \cdot 3 EBO_3 \cdot 2 H_2(Th, Ce)O_2F_2 \cdot 8 EOF$; Cerit = 41% + CeO_2 = 4%; Ytter = 9%.

Eukolit*-Eudialyt, $\overset{I}{R_4} \cdot \overset{II}{R_3} \cdot Zr(SiO_3)_7$.

$\overset{I}{R} = $ Na, K, H;
$\overset{II}{R} = $ Ca, Fe, Mn, E(OH).

Eudialyt an SiO_2 etwas reicher, an MnO und $E(OH)_3$ etwas ärmer als Eukolit. Cerit = 2 bis 5%; Ytter = 0 bis 0,3%. Norwegen, Grönland, Rußland.

Mosandrit* (Johnstrupit), $\begin{bmatrix}F_2\\(OH)_6\end{bmatrix}\overset{IV}{R_4}\Big]\overset{I}{(R_2)_7}\overset{II}{R_{10}}\overset{III}{R_2}(SiO_4)_{12}$;

$\overset{I}{R} = $ H, Na, K;   ⎫
$\overset{II}{R} = $ Ca(Mg, Mn); ⎬ Cerit = 10,5%; Ytter = 3,5%; CeO_2 = 6,3%. Langesund (Norwegen).
$\overset{III}{R} = $ E(Fe);   ⎭

$\overset{IV}{R} = $ Ti, Zr, Hf, $\overset{IV}{Ce}$, Th.

Thalenit*, $E_2Si_2O_7$. $\sum E$ = 63%. Ytter. Schweden (Österby, Åskagen), Norwegen (Hundholmen).

Thortveitit*, $Sc_2Si_2O_7$. Die norwegischen Vorkommen (Evje und Iveland) enthalten gegen 42% Sc_2O_3 und gegen 9% sonstige Erden vom Yttertyp. Das Vorkommen von Madagaskar (Befanamo) 42% Sc_2O_3 und 0,5% sonstige Erden vom Yttertyp[1]).

Yttrialit, $(E, Th)_2Si_2O_7$. Thoriumhaltiges Orthosilicat der Erden. Yttertyp. Amerika (Texas), Schweden, Norwegen.

---

[1]) Dieses hochinteressante Mineral findet sich ausführlich beschrieben von J. SCHETELIG: Minerale der südnorwegischen Granitpegmatitgänge Bd. II. Oslo 1922. — Über das Scandiummineral Bazzit siehe E. ARTINI: Atti d. Reale Accad. dei Lincei Bd. 24, S. 313. 1915.

Rowlandit, $Fe(EF_2)E_2(Si_2O_7)_2$. Orthosilicat der Erden mit Eisen- und Fluorgehalt. Ytter = 62%. Amerika (Texas).

Kainosit, $Ca_2H_4(E_2CO_3)(Si_2O_7)_2$. Ein kohlensäure- und wasserhaltiges Silicat der Erden und des Calciums. Ytter = 38%. Norwegen.

Hellandit*, $Ca_2[\tfrac{2}{3} Al \cdot \tfrac{1}{3}(Mn, Fe)]_3[E(OH)_2]_3[SiO_4]_4$. Ytter = 38%; Cerit = 1%. Norwegen (Kragerö).

Gadolinit*, $(Fe, Be)_2(E_2)Si_2O_{10}$. Ytter = 22 bis 46%; Cerit = 5 bis 32%. Das Verhältnis $\frac{Ytter}{Cerit}$ variiert zwischen 0,75 : 1 und 12 : 1[1]). Norwegen, Schweden, Riesengebirge, Kaukasus, Texas, Australien.

Seltene Erden findet man ferner in zahlreichen Varietäten der besprochenen Mineralien; große Mengen dieser Elemente sind in den so stark verbreiteten Calciummineralien camoufliert[2]), zum Teil auch in Zirkonmineralien. So enthält das Mineral Zirkon stets nicht unbeträchtliche Mengen von seltenen Erden[3]).

B. Das Mengenverhältnis der seltenen Erden.

GOLDSCHMIDT und THOMASSEN unterscheiden komplette und selektive Erdenbestände, wobei sie unter den zuerst genannten solche verstehen, in welchen die ganze Reihe der Erden zwischen La und Cp noch vollständig oder fast vollständig vertreten ist, ohne scharfe Sprünge im Mengenverhältnis zwischen Ceriterden und Yttererden; unter selektiven Erdenbeständen verstehen sie solche, in denen spezielle Untergruppen der seltenen Erden besonders stark angereichert sind.

1. Komplette Erdenbestände.

In den kompletten Erdbeständen können entweder a) die Ceriterden oder b) die Yttererden vorherrschen.

a) Vorherrschen der Ceriterden. Hierher gehören die Bestände der Apatite und des Akmits. Setzt man die Gesamtmenge der

---

[1]) SCHETELIG, J.: l. c.
[2]) GOLDSCHMIDT, V. M.: Geochemische Verteilungsgesetze VII. 1926.
[3]) Nach den Erfahrungen des Verfassers. — Über das Vorhandensein von Sc in brasilianischen Zirkonrückständen s. C. JAMES: J. Am. Chem. Soc. Bd. 40, S. 1674. 1918.

Erdmetalle gleich etwa 110, so kommt man nach GOLDSCHMIDT und THOMASSEN zur folgenden Schätzung:

La	Ce	Pr	Nd	61	Sm	Eu	Gd	Tb	Dy	Ho	Er	Tu	Yb	Cp
9	40	6	24	0,	8	0,	8	1	6	1?	4	0,	2?	1?

b) Vorherrschen der Yttererden. Hierher gehören die Bestände des Yttrofluorits, mancher Yttrotitanite und Gadolinite:

La	Ce	Pr	Nd	61	Sm	Eu	Gd	Tb	Dy	Ho	Er	Tu	Yb	Cp
4	20	5	20	0,	10	0,	15	2	10	2?	10	0,1?	7	2?

2. Selektive Erdenbestände.

Bestände mit herrschenden Ceriterden:

a) Monazittypus. Dieser ist gekennzeichnet durch die Reihe La bis Sm, mit noch erheblichen Mengen Gd. Hierher gehören die Monazite granitischer Pegmatite und der Fluocerit.

b) Orthittypus. Gekennzeichnet durch die Elemente La bis Nd mit nur schwächerer Vertretung des Sm und Gd. Zu diesem Typus gehören Bastnäsit, Orthit, Cerit, Törnebohmit, Eudyalit, Eucolit, Freyalith, Melanocerit, Mosandrit und Tritomit.

Eine Schätzung der selektiven Bestände der Ceriterden ergibt:

La	Ce	Pr	Nd	61	Sm	Eu	Gd	Tb	Dy
12	50	8	24	0,	7	0,	4	0,	ca. 2

Bestände mit vorherrschenden Yttererden:

a) Typus der Ytter-Gadolinite, des Thalenits und der Tantalate, Niobate und Titanoniobate. Gekennzeichnet durch ein relativ flaches Maximum beim Dysprosium und steht den kompletten Typen noch sehr nahe:

La	Ce	Pr	Nd	61	Sm	Gd	Tb	Dy	Ho	Er	Tu	Yb	Cp
0,3	3	1	6	0,	10	13	2	32	4?	20	2	13	3

b) Typus des Thortveitit, gekennzeichnet durch ein Maximum bei Ytterbium; hierher gehören Thorveitit, Alvit, Cyrtolith:

La	Ce	Pr	Nd	61	Sm	Eu	Gd	Tb	Dy	Ho	Er	Tu	Yb	Cp
2	8	4	6	0,	6	0,	4	2?	4	1?	4	2?	60	8

c) Typus des Xenotims, gekennzeichnet durch ein außerordentlich starkes Zurücktreten der ersten Lanthanide inklusiv

Sm. Hierher gehören Xenotime sowohl granitischer Pegmatitgänge wie auch die aus Nephelinsyenitpegmatit:

La	Ce	Pr	Nd	Sm	Eu	Gd	Tb	Dy	Ho	Er	Tu	Yb	Cp
<1	<1	<1	2	61 0,	4	0,	15	3	18	5?	28	3? 28	6

Bei der Berechnung des durchschnittlichen Erdenbestandes nehmen GOLDSCHMIDT und THOMASSEN die folgende relative Häufigkeit an:

Tabelle 44.

Durchschnittlicher Typus der Cerminerale .	10
Kompletter Typus mit Certendenz	5
Kompletter Typus mit Yttertendenz . . .	3
Thalenittypus.	2
Xenotimtypus	2
Thortveitittypus	1

Daraus berechnet sich der durchschnittliche Erdenbestand zu:

Tabelle 45.

	Yt	La	Ce	Pr	Nd	Sm	Eu	Gd	Tb	Dy	Ho	Er	Tu	Yb	Cp
Atomnummer .	39	57	58	59	60	62	63	64	65	66	67	68	69	70	71
Atommenge. .	100	7	31	5	18	7	0,1—0,3?	7	1	7	1?	6	1	7	1,5

Der durchschnittliche Erdenbestand ist auch aus der Abb. 15 ersichtlich. Man ersieht dort auch die Gültigkeit der HARKINschen Regel, welche ja aussagt, daß jedes Element ungerader Atomnummer seltener ist als das unmittelbar vorangehende und das unmittelbar nachfolgende Element gerader Atomnummer.

Die obigen Schätzungen der Mengenverhältnisse der seltenen Erden umfassen nicht das Scandium, da die röntgenspektroskopische Untersuchung auf dieses Element nicht ausgedehnt

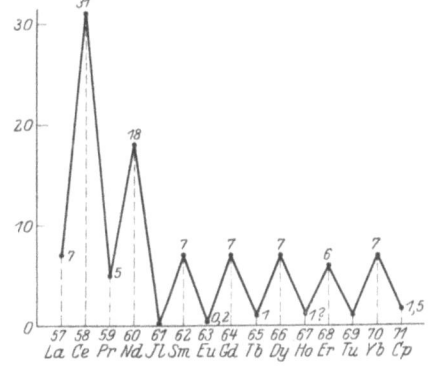

Abb. 15. Die relative Häufigkeit der Lanthanide nach GOLDSCHMIDT und THOMASSEN.

wurde. In vielen der untersuchten Mineralien hätte übrigens vermutlich die röntgenspektroskopische Methode, mit deren Hilfe GOLDSCHMIDT und THOMASSEN noch gegen 0,1% einer Erde nachweisen konnten, kein Scandium erkennen lassen[1]); durch Heranziehen der optischen Spektroskopie, deren Empfindlichkeit im Falle des Scandiums die obenerwähnte röntgenspektrographische Methode um etwa eine Größenordnung übersteigt, konnte aber EBERHARD[2]) in 644 von den 825 untersuchten Proben, welche die verschiedensten Minerale und Gesteine umfaßten, Scandium nachweisen. Während so die diffuse Ausbreitung des Scandiums eine außerordentlich große ist, gibt es nur wenige Minerale, die einen größeren Scandiumgehalt aufweisen; hierher gehören der Thortveitit mit seinem Scandiumgehalt von bis 40%, einige Wiikitvorkommen bis zu 1%, ferner Äschynit, Zinnstein und Wolframit; so findet man im Wolframit des Erzgebirges bis zu 0,4% seltene Erden und über die Hälfte dieser Menge besteht aus Scandiumerde[3]). Der Thortveitit stellt den nahezu einzigartigen Fall dar, daß in einem Minerale eine einzige seltene Erde eine ganz dominierende Stellung erlangt. Dies wird durch die verhältnismäßig große Verschiedenheit zwischen dem Scandium und dem ihm nächstverwandten Erdelement, dem Cassiopeium, ermöglicht; eine Verschiedenheit, wie wir sie sonst zwischen keinen zwei in der Basizitätsreihe benachbarten seltenen Erden antreffen. Denn es ist ja ganz klar, daß für den Grad der Vergesellschaftung der seltenen Erden im Mineralreich in erster Linie der Grad ihrer chemischen Ähnlichkeit oder der mit diesem parallel laufende Unterschied in der Größe ihrer Ionen maßgebend ist.

C. Die geochemische Verteilung der seltenen Erdelemente.

Die geochemische Verteilung der Elemente[4]), wie wir sie in der Natur antreffen, ist das Resultat eines chemischen Sonderungsprozesses. Die erste Stufe dieses Prozesses bestand in der Ver-

---

[1]) NILSON und CLEVE, die Entdecker des Scandiums, fanden im Euxenit 0,02%, im Gadolinit 0,001% Sc_2O_3.
[2]) EBERHARD, G.: Berlin. Akad. Ber. Bd. 22, S. 404. 1910.
[3]) MEYER, R. J.: Z. anorg. Chem. Bd. 86, S. 257. 1914.
[4]) GOLDSCHMIDT, V. M.: Geochemische Verteilungsgesetze der Elemente. Osloer Akad. Ber. 1922 und folgende Jahrgänge. — G. TAMMANN: Zeitschr. f. anorg. Chem. Bd. 113, S. 96. 1923; Bd. 134, S. 269. 1924.

teilung der Elemente zwischen drei flüssigen und einer gasförmigen Phase, dem Eisenschmelzfluß, dem Sulfidschmelzfluß, dem Silicatschmelzfluß und der Uratmosphäre. Die zweite Hauptstufe bestand in der fraktionierten Krystallisation der Schmelzflüsse, von denen die Silicatschmelze die Hauptmenge der seltenen Erden aufgenommen hatte. Die Ausscheidung krystallisierter Phasen geschah fraktionsweise und für die geochemische Sonderung bei dieser Abscheidung waren, wie V. M. GOLDSCHMIDT sehr überzeugend hervorhebt, Isomorphiebeziehungen der Elemente von grundlegender Bedeutung. Die Elemente der Lithosphäre können nach Maßgabe ihrer Isomorphiebeziehungen in 3 Hauptgruppen eingeteilt werden, in die Elemente der Frühkrystallisation des Magmas, in die der Hauptkrystallisation und die der Restlaugen, je nach ihrer Befähigung zum Eintreten in die wichtigsten magmatischen Krystallarten. Die seltenen Erden gehen in die Restkrystallisationen und die Restlaugen des Magma ein. Der Grund hierfür ist nach GOLDSCHMIDT das Fehlen oder das Zurücktreten der Isomorphie mit den häufigeren 3-wertigen Elementen der Silicatschmelze (wie dem Aluminium und den Elementen des Eisentypus). Es ist dies ein Umstand, der die seltenen Erden zwingt, in den Restschmelzen zurückzubleiben, bis die Anreicherung so bedeutend ist, daß eigene Krystallphasen der seltenen Erden ausgeschieden werden können. Die große Ähnlichkeit zwischen den einzelnen Erden verhindert dabei ein sehr weitgehendes Vorherrschen einer bestimmten Erde (bis auf den bereits besprochenen und begründeten Fall des Scandiumminerals Thortveitit); sogar Fälle eines beschränkten Vorherrschens werden nur im Falle von endständigen Erden der Lanthanidreihe angetroffen. So fanden wir ja im Lanthanit das La, in den Mineralien des Orthittypus Cer und Lanthan, in denen des Thortveitittypus Yb und Cp angereichert. In Analogie hierzu werden am leichtesten diejenigen Erden stark verdrängt, die an den Enden der Reihe stehen. So waren Cp und Yb in den Beständen des Yttrotantalits auffallend schwach vertreten. Wir sahen auf S. 110, daß man in den scheinbaren Ionenradien (Wirkungssphären) ein sehr bequemes Maß der geochemischen Ähnlichkeit besitzt; bedenkt man, daß diese Radien sich im Falle des Yttriums und seiner zwei Nachbarn, des Ho und Dy, nur um knapp 1% unterscheiden, so leuchtet es unmittelbar ein, daß man nicht erwarten kann, in einzelnen Mineralien das Verhältnis Y : Ho oder Y : Dy ganz wesentlich verschieden von dem Konzentrationsverhältnis anzutreffen, das dem Mengenverhältnisse dieser Erden in der Lithosphäre entspricht, und zwar auch dann nicht, wenn die betrachteten Mineralien aus besonders hoch differenzierten Magmen krystallisiert sind.

Die seltenen Erden kommen in der Natur in den allermeisten Fällen in der Form von 3-wertigen Verbindungen vor. Das Cerium kommt zum Teil auch als Ceroxyd vor, namentlich in Mineralien der nephelinsyenitischen Paragenesis, wo der hohe Oxydationsgrad der Magmen, aus denen diese Minerale auskrystallisiert sind, die Bildung des CeO_2 ermöglichte.

Während die übrigen seltenen Erden bei der geochemischen Krystallisation in die Restkrystallisationen und die Restlaugen gingen, ist ein Teil des Scandiums in den Hauptkrystallisationen des Magmas enthalten. Chemisch nachweisbare Scandiummengen werden nur in granitischen Pegmatiten angetroffen[1]. In diesen findet man meistens Erdgemische, in denen die Ytthererden vorherrschen, während das Vorherrschen von Ceriterden oft in nephelinsyenitischen (kieselsäurearmen) Pegmatiten angetroffen wird. So beobachteten GOLDSCHMIDT und THOMASSEN in vielen nephelinsyenitischen Mineralien eine merkbare relative Anreicherung des Lanthans, also der am meisten basischen Erde; doch fanden anderseits dieselben Verfasser, daß ein in nephelinsyenitischen Gängen gefundener Xenotim dieselbe Zusammensetzung hatte wie der gewöhnliche aus Granitpegmatitgängen herrührende.

Während als Quelle der Ceriterden in erster Linie der in sehr großen Mengen zugängliche Monazit[2]) für die der Ytthererden, Gadolinit und Xenotim in Betracht kommen, sind für die Gesamthäufigkeit der Erden diejenigen Mengen ausschlaggebend, die in Calciummineralien, wie Apatit, und überhaupt in den Gesteinen vorhanden sind. Die letzteren entziehen sich unserer Kenntnis, doch kann man ihre untere Grenze aus dem Erdengehalt der

---

[1]) Nach EBERHARDT und VERNADSKY gehört Scandium zu den echten pneumatolytischen Elementen wie Li, Be, B, Sn.

[2]) Über das Vorkommen von Monazit s. S. J. JOHNSTONE: J. Soc. Chem. Ind. Bd. 37, S. 373. 1918. — Vgl. auch Records of the Geolog. Survey of India Bd. 57. 1925.

Apatite, verglichen mit dem Phosphorsäuregehalt der betreffenden Gesteine, berechnen[1]).

CLARKE und WASHINGTON schätzen den Ceriumgehalt der Litosphäre zu 0,01 bis 0,001%. Jedenfalls sind die „seltenen" Erden, dank ihrer Anreicherung in der Litosphäre, an der Erdoberfläche durchaus nicht selten.

VII. Die Geschichte der Entdeckung der seltenen Erden.

Die Existenz der seltenen Erden ist zuerst bei der Analyse eines aus Itterby (Schweden) stammenden, später Gadolinit genannten Minerals, von JOHANN GADOLIN im Jahre 1794 entdeckt worden. GADOLIN hat die Gegenwart von 38% der neuen Erde im Mineral festgestellt. EKEBERG, der 3 Jahre später die Versuche GADOLINS wiederholte, fand 48%. Es war auch EKEBERG, der den Namen Yttererde eingeführt hat. Die Existenz dieser Erde haben KLAPROTH und VAQUELIN (1800) bestätigt. Nach Ablauf von 3 Jahren brachte dann ein glücklicher Zufall ein typisches Ceritmineral der Bastnäsgrube in Schweden in die Hände von KLAPROTH sowie von BERZELIUS und HISSING, und die daraus isolierte Erde bekam den Namen Ceriterde, das Mineral den Namen Cerit. Damit waren die zwei extremen Erdgemischtypen entdeckt, und deren Spaltung in einzelne Bestandteile führte von Schritt zu Schritt zur Entdeckung der 17 seltenen Erdelemente (das kurzlebige Actinium nicht mitgerechnet). Den ersten Schritt zur Spaltung sowohl der Cer- wie der Yttererde — die erstere ins Lanthan, Cerium und Didym, die letztere in die eigentliche Yttererde, in Terbinerde und Erbinerde — machte MOSANDER in einer Reihe glänzender Untersuchungen in den Jahren 1826 bis 1843, die er zum Teil gemeinsam mit BERZELIUS ausgeführt hat. Die von diesen zwei Forschern begründeten Trennungsmethoden bildeten auch die Grundlage aller Untersuchungen der nächstfolgenden Zeit.

Die drei hervorragendsten Namen der nächsten, sich bis 1870 erstreckenden Epoche waren MARIGNAC, BUNSEN und DELAFONTAINE. Aber wir treffen auch verschiedene wichtige Abhandlungen, die sich an die Namen von DEMARCAY, BERLIN, RAMMELSBERG, ROSE, HERMANN, HOLZMANN, CZUDNOWICZ,

---
[1]) GOLDSCHMIDT u. THOMASSEN: l. c.

NORDENSKJÖLD u. a. knüpfen. In diesen Zeitraum fällt die nähere Erforschung der Eigenschaften des Cers, Didyms und Lanthans, hauptsächlich durch MARIGNAC und BUNSEN, aber auch die Erforschung der drei damals bekannten Gruppen der Yttererdengemische, nämlich des Yttriums, Erbiums und Terbiums. Dies geschah in erster Linie durch DELAFONTAINE und BUNSEN. Auch war es diese Epoche, welche die Entdeckung der Spektralanalyse (1860) brachte, eine Entdeckung, die für die Nachweisbarkeit der einzelnen seltenen Erdelemente von nicht zu unterschätzender Bedeutung war. Vor der Entdeckung der Spektralanalyse war die Bestimmung des Verbindungsgewichtes des Erdgemisches, und falls es sich um ein gefärbtes Gemisch handelte, dessen Farbenänderung, so ziemlich die einzige Methode, welche zur Kontrolle der Trennungsversuche herangezogen werden konnte. Die neue analytische Methode zeichnete sich sowohl durch Empfindlichkeit wie Einfachheit aus und ihre Einführung beschleunigte die Entwicklung der Lehre von den seltenen Erden in hervorragendem Maße.

Anregungen von theoretischer Seite sind oft geeignet, die experimentelle Entwicklung eines Gebietes wesentlich zu fördern. So wirkten die Ideen von MENDELEJEFF und LOTHAR MEYER außerordentlich befruchtend auf die weitere Entwicklung der Chemie der seltenen Erden. Die seltenen Erdelemente sollten ins System eingereiht werden, und in diesem Zusammenhange drängte sich noch zwingender als zuvor die Frage nach der Wertigkeit der seltenen Erdelemente auf, denen man bis dahin die Formel RO zugeschrieben hatte. Die Darstellung der Metalle Cer, Didym und Lanthan durch Schmelzelektrolyse ihrer Chloride durch HILLEBRAND und NORTON und die Messung ihrer spezifischen Wärmen brachte die Entscheidung, ebenso eine Reihe von CLEVES Untersuchungen (1873 bis 1876) über die Isomorphie der Verbindungen der seltenen Erden mit denen von 3-wertigen Elementen; dazu kamen noch weitere physikalisch-chemische Messungen. Die wichtigsten Ereignisse der siebziger Jahre waren außerdem MARIGNACS Isolierung des damals als einheitlich angesehenen Ytterbiums aus der alten Erbinerde (1878), die Entdeckung von MENDELEJEFFS „Ekabor", des Scandiums durch NILSON (1879) und die Abscheidung des Erbiums, Holmiums und Thuliums aus der Erbinerde durch CLEVE (1879). Neben dieser sehr bedeutenden Förderung unserer Kenntnisse über die Zusammensetzung der Yttererde wurden auch auf dem Gebiete der Ceriterden wichtige Entdeckungen gemacht. Den Ausgangspunkt hierfür bildete die Abscheidung der Erden aus dem Niobat Samarskit durch DELAFONTAINE. Die spektralanalytische Untersuchung eines aus dieser Erde isolierten Didyms ergab nämlich ein anderes Intensitätsverhältnis der Linien wie bei früher isolierten Didympräparaten. Damit waren sichere Anhaltspunkte für die von MARIGNAC schon 1853 vermutete Uneinheitlichkeit des alten Didyms gegeben. Ein Jahr später (1879) hat dann LECOQ DE BOISBAUDRAN vom alten Didym das Samarium isoliert und MARIGNAC hat bald darauf (1880) aus der Samarskiterde gleichfalls das Samarium und das später Gadolinium genannte Element Y_α abgeschieden.

Zu Beginn der achtziger Jahre waren somit das Scandium, Yttrium, Lanthan, Cer, Didym, Samarium, Gadolinium (Y_α), Terbium, Holmium, Erbium, Thulium und Ytterbium bekannt. Der Erforschung ihrer Eigenschaften widmeten sich zahlreiche hervorragende Chemiker, in erster Linie wohl CLEVE, während die Erforschung der Absorptionsspektra in erster Linie THALEN und SORET zufiel. Die Erforschung der Eigenschaften der Ceriterden hat hauptsächlich BRAUNER zu seiner Aufgabe gemacht. Im Vordergrund der von ihm angestrebten Ziele stand die Frage der Einreihung der seltenen Erden ins periodische System (vgl. S. 4).

In den sechziger Jahren wirkte die Entdeckung der Spektralanalyse, in den siebziger Jahren die Aufstellung des periodischen Systems außerordentlich anregend auf die Erforschung der Chemie der seltenen Erden. In den achtziger Jahren kam die Anregung von der technischen Verwendbarkeit der seltenen Erden und ist an den Namen AUER V. WELSBACH geknüpft. Im Jahre 1884 nahm dieser seine ersten Patente, die die Verwertung der seltenen Erden für die Zwecke einer Intensiv-Gasbeleuchtung bezweckten. Die technische Anwendbarkeit der seltenen Erden forderte die Entdeckung neuer ergiebiger Vorkommnisse — sie erfolgte bald. Die mächtigen Lager von Monazitsand an der Küste Brasiliens lieferten nunmehr unbeschränktes Material für die technische Anwendung der seltenen Erden und gleichzeitig auch für die Zwecke der Forschung. Die technische Anwendbarkeit der seltenen Erden verlangte einfache und effektive Trennungsmethoden, die auch im Großbetrieb anwendbar sind — sie wurden gefunden. AUER hat die Methode der fraktionierten Krystallisation, auf die bereits MENDEJELEFF hingewiesen hatte, eingeführt, während man früher vorzugsweise solche Methoden benutzt hat, die auf eine möglichst feine Unterscheidung der Erden nach Maßgabe ihrer Basizität hinzielten. Diese Methode zeigte sich auch bei der weiteren Erforschung der seltenen Erden von außerordentlicher Bedeutung, denn mit ihrer Hilfe hat AUER v. WELSBACH (1885) das Didym, dessen Einheitlichkeit BRAUNER schon früher (1882) in Zweifel gezogen hatte, in Neodym und Praseodym gespalten. Ein Jahr später (1886) erfolgte die Abspaltung des Dysprosiums aus dem alten Holmium durch LECOQ DE BOISBAUDRAN, und es war auch der letztere Forscher, der die richtige Erklärung für die viel diskutierte Erscheinung der Luminescenzspektra gab. Die Komplexität des alten Samariums wurde 1892 durch spektroskopische Beobachtungen von LECOQ DE BOISBANDRAN (Z_ε, Z_ζ) bzw. im Jahre 1896 von DEMARÇAY (Σ) festgestellt und 4 Jahre später isolierte der letztere das Europium.

Durch die Anwendung der Methoden AUER v. WELSBACHS, die zum Teil von DROSSBACH sowie von DEMARÇAY, URBAIN und LACOMBE modifiziert worden sind, wurde die Reindarstellung verschiedener Erden wesentlich gefördert. URBAIN und LACOMBE bedienten sich mit großem Erfolg des Kunstgriffes der Beimengung des mit den Erden isomorphen Wismutnitrats bei der Reindarstellung einzelner Erden. Dem erstgenannten Forscher und seinen Schülern (BOURION, JANTSCH usw.) verdanken wir eine große Reihe von wichtigen Untersuchungen, die hauptsächlich die Erforschung der Eigenschaften der Yttererden zum Ziele hatten. Weitere wichtige Untersuchungen, die zu dieser Zeit vorlagen, waren die genauere Feststellung der Atomgewichte der Elemente der Ceriterden durch AUER, JONES, BRAUNER, v. SCHEELE, WYROUBOFF und VERNEUIL und die Darstellung und Untersuchung der Eigenschaften der Ceritmetalle durch MUTHMANN usw.

Zu Beginn des 20. Jahrhunderts waren 15 seltene Erdelemente bekannt, ihre Zahl wurde bald darauf durch die Spaltung des MARIGNACschen Ytterbiums in zwei Bestandteile um eins vermehrt. Dies glückte unabhängig AUER v. WELSBACH und URBAIN. Im Jahre 1905 hat AUER v. WELSBACH die Uneinheitlichkeit des alten

Ytterbiums durch spektroskopische Betrachtungen festgestellt und ein Jahr später gab er die fraktionierte Krystallisation der Doppeloxalate als die zur Trennung der zwei Elemente geeignete Methode an. Im Jahre 1907 ist ihm und kurz vorher URBAIN die Trennung der zwei Bestandteile des MARIGNACschen Ytterbiums gelungen[1]). Die ausführliche Untersuchung der optischen Spektra der seltenen Erden, in erster Linie durch EXNER und HASCHEK sowie EDER und VALENTA, erfolgte in diesen und den folgenden Jahren. Auf die Entdeckung ST. MEYERS (1898), wonach die einzelnen seltenen Erden sich sehr erheblich durch ihre magnetische Suszeptibilität unterscheiden, gründete URBAIN (1908) die magnetochemische Analyse. In den darauffolgenden Jahren erfolgten u. a. CROOKES, EBERHARDTS, STERBAS und vor allem R. J. MEYERS Untersuchungen über das Scandium, JAMES' Einführung der fraktionierten Krystallisation der Bromate und etwas später PRANDTLS Untersuchungen über die basische Fällung der Erden. Anfang des 20. Jahrhunderts geschah die Entdeckung des höchsten Homologen des Scandiums, des Actiniums durch DEBIERNE und GIESEL, das eine Halbwertzeit von 20 Jahren hat, und seines noch kurzlebigeren Isotopen, des Mesothorium 2 ($T = 6$ Stunden) durch HAHN.

Die Entdeckung der Röntgenspektroskopie durch MOSELEY (1913) und die atomtheoretische Deutung des periodischen Systems durch BOHR (1922) waren für die Lehre der seltenen Erden von außerordentlich großer Bedeutung. Aus den Feststellungen MOSELEYS ging hervor, daß zwischen Barium und Tantal nur insgesamt 16 Elemente liegen und daß sie alle, mit Ausnahme des Elements 61 und 72, bekannt sind, und BOHR konnte zeigen, daß mit dem Element 71 die Gruppe der seltenen Erden abgeschlossen ist. Die BOHRsche Theorie brachte u. a. eine einfache Erklärung des soviel diskutierten anomalen Verhaltens des Ceriums und der gleichfalls ohne entscheidenden Erfolg so vielfach behandelten Frage der Einreihung der seltenen Erden ins

---

[1]) Die internationale Atomgewichtskommission hat für den weniger häufigen der zwei Bestandteile des MARIGNACschen Ytterbiums den Namen Lutetium, für den häufigeren den Namen Ytterbium angenommen. Die deutsche Atomgewichtskommission nennt das erstgenannte Element Cassiopeium. Wir haben uns in diesem Buche der Nomenklatur der deutschen Atomgewichtskommission angeschlossen.

periodische System. Durch das Heranziehen der Röntgenspektroskopie zum qualitativen und quantitativen Nachweis der seltenen Erden hat ferner die analytische Chemie der seltenen Erdelemente eine nicht zu unterschätzende Förderung erfahren.

Im Laufe der letzten 20 Jahre sind auf dem Gebiete der Reindarstellung und Untersuchung der Eigenschaften der einzelnen Erden, insbesondere der Yttererden, bedeutende Erfolge erzielt worden.

Neuerdings (1926) wurde unabhängig, einerseits durch HARRIS, YNTEMA und HOPKINS, anderseits durch ROLLA und FERNANDES sowie durch R. J. MEYER, SCHUMAN und KOTOWSKI die Gegenwart der letzten noch mangelnden seltenen Erde, des Elementes 61 in Neodym- und Samariumpräparaten gezeigt. Die Isolierung dieses Elementes ist noch ausständig.

Wir waren bestrebt, im obigen einen kurzen Überblick der wichtigsten Ergebnisse der Geschichte der Entdeckung und Erforschung der seltenen Erden zu geben. Wir vermieden dabei, der Übersichtlichkeit halber, auf die zahlreichen Irrwege hinzuweisen, die im Laufe der Entwicklung dieses so hochinteressanten Kapitels der Chemie betreten worden sind. Die Beschränktheit der analytischen Hilfsmittel, die den auf diesem Gebiete arbeitenden Forschern zur Verfügung standen, brachte es mit sich, daß sehr häufig falsche Schlüsse über die Zusammensetzung der Erdgemische gezogen worden sind. Wohl ist mit der Einführung der Methoden der optischen Spektroskopie ein sehr wichtiges neues analytisches Hilfsmittel bei der Untersuchung der seltenen Erden geschaffen worden, die große Abhängigkeit der Anregbarkeit und Intensität einzelner Linien von der Gegenwart und der Natur der Verunreinigungen im untersuchten Präparat führte jedoch in vielen Fällen zu falschen Schlüssen und zu einer vermeintlichen Komplexität der untersuchten Erde. Solche Fehlschlüsse waren das Philippium DELAFONTAINES (ein Gemisch von Yttrium und Terbinerden) sowie das Decipium desselben Forschers, die Metaelemente CROOKES, das Metacer von BRAUNER, SCHÜTZENBERGERS Spaltbarkeit des Lanthans sowie des Ceriums, dann URBAINS Celtium, EDERS Welsium usw. In den allerletzten Jahren erfuhren unsere Kenntnisse über das Vorkommen und das Mengenverhältnis der seltenen Erden sowie ihre Isomorphie-

Die Geschichte der Entdeckung der seltenen Erden.

und Polymorphiebeziehungen eine ganz außerordentliche Erweiterung durch die Untersuchungen V. M. GOLDSCHMIDTS und seiner Schüler; die Isomorphieverhältnisse untersuchten ferner ZAMBONINI und seine Mitarbeiter, die magnetischen Eigenschaften wurden hauptsächlich durch ST. MEYER und CABRERA, das Röntgenspektrum durch HJALMAR, COSTER und NISHINA erforscht, während ASTON die Isotopenzusammensetzung mehrerer Erdelemente feststellen konnte.

Sachverzeichnis.

Absorptionsbanden 39.
Absorptionsspektra 87f.
Acetate 71.
Acetylacetonate 71f.
Actinium, Bindungsstärke der Valenzelektronen 19.
—, Eigenschaften 73f.
Akmit 125.
Alvit 122, 126.
Ammoniakate der Chloride 55.
Analyse, qualitative 80ff.
— —, röntgenspektrographische 83ff.
— —, spektroskopische 80ff.
—, quantitative 89ff.
— —, durch Bestimmung des Äquivalentgewichtes 92.
— —, magneto-chemische 91.
— —, röntgenspektrographische 89.
— —, spektroskopische 90f.
Apatit 111, 122, 125.
Äquivalentleitfähigkeit 56, 57.
Äschynit 123, 128.
Äthylsulfate 100.
Atomgewichte der seltenen Erdelemente 47.
Atomtheorie, die seltenen Erden und die 3ff.
Atomvolumen der seltenen Erdmetalle 26ff.

Bandenspektrum 38ff.
Basizitätsreihe 28, 29, 51.
Bastnäsit 122, 126.
Betafit 123.
Bindungsstärke der äußeren Elektronen 16ff.
Blomstrandin 123.
Bogenspektra 80ff.
Bohrsche Theorie 7ff.

Brechungsexponent der Äthylsulfate 29f.
Bröggerit 121.
Bromate 58, 59.
Bromide 58.
Carbide 50.
Carbonate 50.
Ceride 1.
Cerit 123, 126.
Ceriterden 37f.
Cerium, Abtrennung 103.
—, Bindungsstärke der Valenzelektronen 18.
—, chemischer Nachweis 88.
—, quantitative Bestimmung 92ff.
—, Sonderstellung 13, 14, 74.
—, Verbindungen des vierwertigen 74ff.
Chemisches Verhalten und Bindungsstärke der äußeren Elektronen 16ff.
Chlorate 58.
Chloride 54.
Chromate 67.
Cyanide 67.
Cyrtholith 122, 126.

Destillation, Trennung durch 104.
Dichte der Chloride 55.
— der Sesquioxyde 52f.
Doppelcarbonate 51, 98.
Doppelfluoride 53f.
Doppelnitrate 64ff., 95ff.
Doppeloxalate 70, 97.
Doppelsulfate 63, 97f.
Elektrolyse, Trennung durch 104.
Elektronenbahnen 7ff.
Elektronenbahntypen, Charakterisierung der, durch 3 Quantenzahlen 35ff.

Sachverzeichnis.

Elektronenisomere Ionen 45f.
Emissionsspektra 80ff.
Entdeckung der seltenen Erden 131ff.
Eudialyth 124, 126.
Eukolit 124, 126.
Europium, anormaler Paramagnetismus 44f.
—, Verbindungen des zweiwertigen 79.
Euxenit 123.
Fällung, fraktionierte 101ff.
— —, mit Ammoniak 101f.
— —, mit Basen 102.
— —, mit Chromaten 102.
— —, mit Oxalaten 102.
Farbe der Ionen 38ff.
— der Oxyde 52.
Fergusonit 122.
Ferrocyanide 68.
Fluocerit 121, 126.
Fluoride 53.
Formiate 70.
Freyalith 122, 126.
Funkenspektra 80ff.

Gadolinit 125, 126, 130.
Gehalt der Mineralien an seltenen Erden 117ff.
Geochemische Verteilung der seltenen Erden 128ff.
Geschichte der Entdeckung der seltenen Erden 131ff.
Gitterkonstante, Berechnung der 109f.
Glykolate 72.

Hagatalit 122.
Häufigkeit der seltenen Erden 117ff.
Hellandit 125.
Hydride 49.
Hydrolyse 29.
— der Chloride 56.
Hydroxyde 51.

Illinium 100, 136.
Ionengröße 106ff.
—, absolute 106f.
—, scheinbare 109ff.
Ionisierungsspannung 21, 30.

Ionenradien 107.
Ionenwanderung, Trennung durch 104, 108.
Isomorphie 106, 108, 111.

Jodate 59.
Jodide 59.

Kainosit 125.
Krystallisation, fraktionierte 95ff.
— —, der Äthylsulfate 100.
— —, der Bromate 99.
— —, der Doppelcarbonate 98.
— —, der Doppelnitrate 95ff.
— —, der Doppeloxalate 97.
— —, der Doppelsulfate 97f.
— —, der Nitrate 98.
— —, der Sulfate 98.
Krystallstruktur 112ff.
— der Sesquioxyde 53, 113, 115ff.

Lactate 73.
Lanthanide 1.
Lanthanidenkontraktion 22.
Lanthanit 50, 122.
Lanthanperoxyd 79.
Legierungen 48.
Literatur über seltene Erden 1, 2.
L-Serie im Röntgenspektrum 84f.

Magnetische Suszeptibilität 41ff.
Melanocerit 124, 126.
Mengenverhältnis der seltenen Erden 125ff.
Metalle 48f.
Mineralien, seltene Erden enthaltende 117ff., 121.
Mischmetalle 48f.
Molekularvolumen der Chloride 25, 26.
— der Doppelnitrate 26.
— der Octohydrosulfate 24, 25.
— der Sesquioxyde 21ff.
Monazit 67, 115, 122, 126, 130.
Mosandrit 124, 126.

Naegit 122.
Nitrate 64, 98, 103.
Nitride 64.
Nitrite 66.

Ordnungszahlen der seltenen Erdelemente 47.
Orthit 123, 126.
Oxalate 68 ff., 102.
Oxyde 51 ff., 113, 115 ff.
—, höhere 52.
Oxydverfahren zur Trennung der seltenen Erden 101.
Oyamalit 122.

Paramagnetismus, anormaler, des Europiums 44 f.
— der Ionen 41 ff.
— und Farbe der Ionen 38 ff.
Periodisches System nach BOHR-JULIUS THOMSEN 11.
— —, Stellung der seltenen Erden im 3 ff.
Phosphate 66.
Phosphorescenzspektra 40, 86 f.
Physikalische Methoden zur Trennung der seltenen Erden 104 f.
Polykras 123.
Polymorphie 106, 112 ff.
Praseodym, höhere Oxyde 78.
Priorit 123.

Quantenzahlen 7 ff., 35 f.

Röntgen-L-Serie 84 f.
Röntgenspektroskopische Analyse 83 ff., 89, 120.
Rowlandit 125.

Samarium, Verbindungen des zweiwertigen 79.
Samarskit 123.
Scandium, Abtrennung 105 f.
—, Bindungsstärke der Valenzelektronen 19.
—, Vorkommen in Mineralien 128.
Sesquioxyde 52 ff., 113, 115 ff.
Spektralanalyse 80 ff., 90 f.
Spektralbanden 39 f.
Spektralintensität, relative, der einzelnen Erdelemente 118 f.
Sulfate 60 ff.
Sulfide 60.
Sulfite 64.
Suszeptibilität, magnetische 41 ff.

Terbium, höheres Oxyd 79.
Terminologie 1.
Thalenit 124, 126.
Thiosulfate 64.
Thorit 115, 122.
Thortveitit 112, 124, 126, 128.
Törnebohmit 123, 126.
Trennung der seltenen Erden 94 ff.
— durch Anwendung physikalischer Methoden 104 f.
— durch Destillation 104.
— durch Elektrolyse 104.
— durch fraktionierte Fällung 101 ff.
— durch fraktionierte Krystallisation 95 ff.
— durch fraktionierte Zersetzung 103 ff.
— durch Ionenwanderung 104.
Tritomit 124, 126.

Unterteilung der Ceride 37.

Verglimmen der Hydroxyde 52.
Verteilung, geochemische 128 ff.
Vorkommen der seltenen Erden 117 ff.

Wasserstoffatom, Elektronenbahnen im 9.
Wellenlängen der Röntgen-L-Serie 84 f.
Wertigkeit, anormale 31, 74 ff.
Wiikit 123, 128.
Wirkungssphäre der Ionen 109.

Xenotim 115, 122, 126, 130.

Yttererden 37 f.
Yttrialit 124.
Yttrium, Bindungsstärke der Valenzelektronen 18.
—, Reindarstellung 105.
Yttrofluorit 121, 126.
Yttrotantalit 123, 129.
Yttrotitanit 123, 126.

Zersetzung, fraktionierte 103.
— —, der Nitrate 103.
Zersetzungsspannung der Chloride 57.

MIX
Papier aus verantwortungsvollen Quellen
Paper from responsible sources
FSC® C105338

If you have any concerns about our products,
you can contact us on
ProductSafety@springernature.com

In case Publisher is established outside the EU,
the EU authorized representative is:
Springer Nature Customer Service Center GmbH
Europaplatz 3, 69115 Heidelberg, Germany

Printed by Libri Plureos GmbH
in Hamburg, Germany